By Hassan Aghlyas

$2 \times (10^2 - 9^2) + 3$

Thank you for purchasing our book,

♥ Order of Operations ♥

We hope you find this workbook helpful and enjoyable for your child.

If that's the case, don't hesitate to leave a comment to help other parents

make the right choice.

Good luck!

$2 - 8 \times (3^2 \times (3^2 - 9))$

Order of Operations

(Answer key included)

By HASSAN AGHLYAS

PEMDAS

- **P**arentheses
- **E**xponents
- **M**ultiplication
- **D**ivision
- **A**ddition
- **S**ubtraction

Order of Operations *PEMDAS*

Operations

Operations mean things like add, subtract, multiply, divide, squaring, etc.

If it isn't a number it is probably an operation.

But, when you see something like …

$$2 \times (4 + 10)$$

$$7 + (6 \times 5^2 + 3)$$

$$4 \div 8 \times (3^2 \times 2)$$

$$3 \times (4 \times 6^2 \times (4 \div 8^2))$$

$$2 \times (9 \times 2^2 + 3^2 - 4^2)$$

$$9 \div 10^2 \times (5^2 \times (9 \times (2^2)))$$

… what part should you calculate first?

Start at the left and go to the right?

Or go from right to left?

Warning: *Calculate them in the wrong order, and you can get a wrong answer !*

So, long ago people agreed to follow rules when doing calculations, and they are:

Order of Operations

PEMDAS Full Form

PEMDAS is a collection of rules in mathematics that help us solve problems in the correct sequence. It's similar to a recipe for solving arithmetic problems.

- **P** stands for **Parentheses**, which are essentially containers that house numbers and operations. First, we deal with what is inside them.
- **E** stands for **Exponents**, which are little integers that inform us how many times we can multiply a given number. These computations are performed after the brackets.
- **MD** stands for **Multiplication** and **Division**, performed in the left-to-right direction.
- **AS** stands for **Addition** and **Subtraction**, performed in the left to right direction.

Example 1: Let us explain PEMDAS with an example.

- Do things in Parentheses First : $4 \times (5 + 3)$

  ☑ $4 \times (5 + 3) = 4 \times 8 = \mathbf{32}$ ☒ $4 \times (5 + 3) = 20 + 3 = 23$ (wrong)

- **Exponents** (Powers, Roots) before Multiply, Divide, Add or Subtract) : 5×2^2

  ☑ $5 \times 2^2 = 5 \times 4 = \mathbf{20}$ ☒ $5 \times 2^2 = 10^2 = 100$ (wrong)

- Multiply or Divide before you Add or Subtract : $2 + 5 \times 3$

  ☑ $2 + 5 \times 3 = 2 + 15 = \mathbf{17}$ ☒ $2 + 5 \times 3 = 7 \times 3 = 21$ (wrong)

- Otherwise just go left to right : $30 \div 5 \times 3$

  ☑ $30 \div 5 \times 3 = 6 \times 3 = \mathbf{18}$ ☒ $30 \div 5 \times 3 = 30 \div 15 = 2$ (wrong)

How Do I Remember It All ... ? PEMDAS !

P ⇨ **P**arentheses first

E ⇨ **E**xponents (ie Powers and Square Roots, etc.)

MD ⇨ **M**ultiplication and **D**ivision (left-to-right)

AS ⇨ **A**ddition and **S**ubtraction (left-to-right)

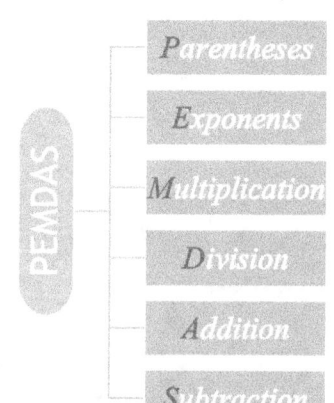

Example 2: Let us explain PEMDAS with an example.

$$7 + 2[10 - 3(4 - 2)] \div 2$$

Step 1: Solve for **4 – 2**, which equals 2.

The equation becomes $7 + 2[10 - 3(2)] \div 2$.

Step 2: Compute 3(2), which equals 6.

The equation becomes $7 + 2[10 - 6] \div 2$.

Step 3: Now, between the parentheses, answer $10 - 6 = 4$.

Our equation is now $7 + 2[4] \div 2$.

Step 4: Then, address what's between the brackets $2[4] = 8$.

Our expression now looks like $7 + 8 \div 2$.

Step 5: Following PEMDAS, we divide first $8 \div 2 = 4$.

The equation becomes $7 + 4$.

Step 6: Finally, add 7 and 4, and we have our final answer: 11

$$7 + 2[10 - 3(4 - 2)] \div 2 = 11$$

« Important Points to Remember » :

1) Always prioritize actions enclosed in parentheses, resolving them before everything else.

2) Proceed with any exponents in the next step.

3) When dealing with multiplication or division, work from left to right, starting with the operation that occurs first.

4) Finally, solve addition and subtraction in a left-to-right order, with the first operation taking priority.

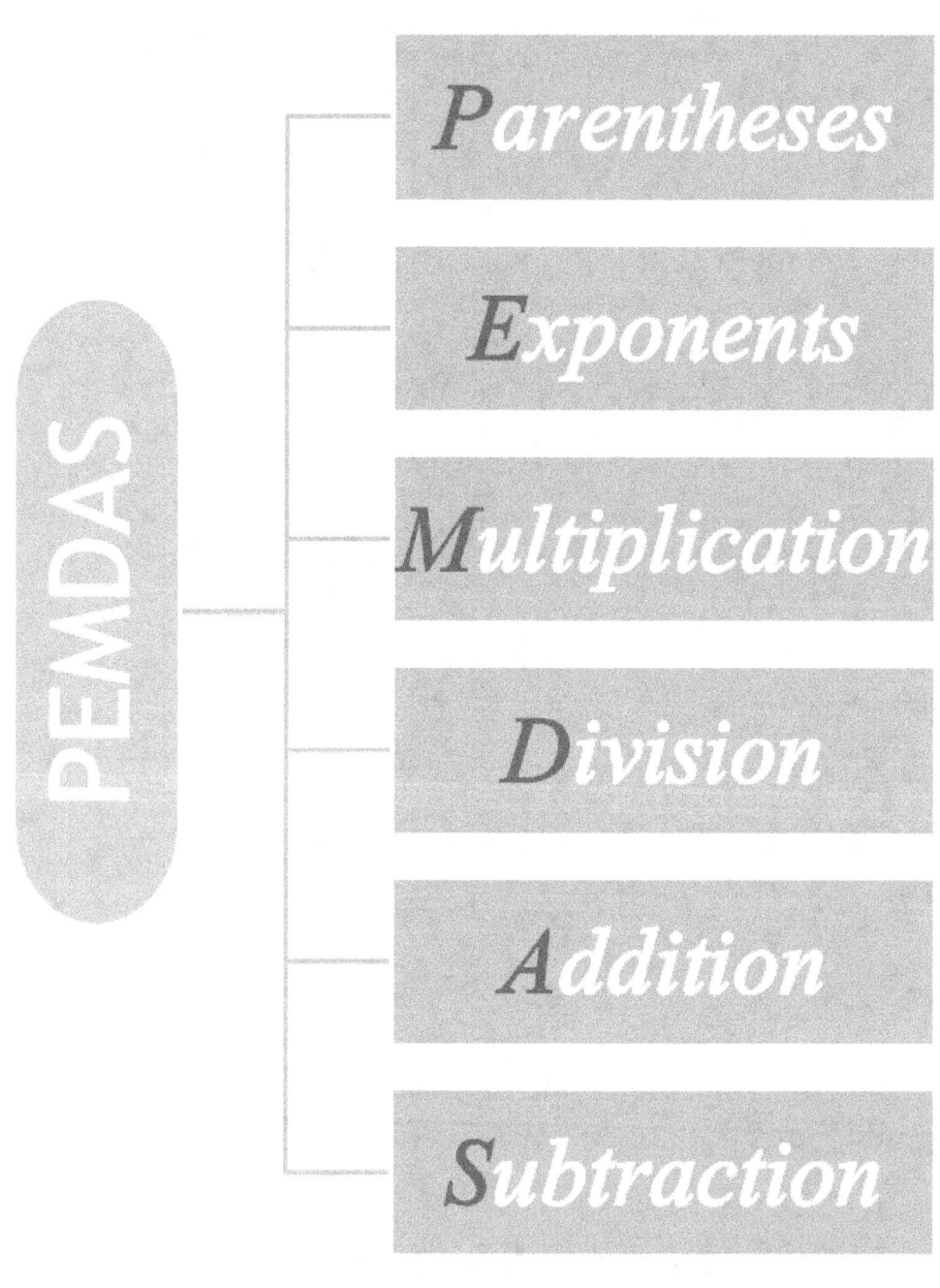

Day: « 1 » — Order of Operations — Score: ... /10

Solve the following operations (Using PEMDAS):

1) $9 - 2^2 =$ ......

2) $9 + 5^2 =$ ......

3) $9 \times 6 =$ ......

4) $3 + 5^2 =$ ......

5) $8 \times 9 =$ ......

6) $10 \times 2 =$ ......

7) $8 \times 6 =$ ......

8) $9 \times 6 =$ ......

9) $4 + 6 =$ ......

10) $4 \times 9 =$ ......

Day: « 2 » — Order of Operations — Score: ... /10

Solve the following operations (Using PEMDAS):

1) $9 \times 4 = $ ......

2) $6 \times 7 = $ ......

3) $5 - 2 = $ ......

4) $7 \times 2 = $ ......

5) $9 \times 4 = $ ......

6) $9 \times (3^2) = $ ......

7) $2 \times 4^2 = $ ......

8) $7 \times 6 = $ ......

9) $6 \times 5 = $ ......

10) $6 \times 3 = $ ......

Day : « 3 » — *Order of Operations* — Score : ... /10

Solve the following operations (Using PEMDAS) :

1) 8 x 3 = ...

2) 8 x (3²) = ...

3) 6 x 3 = ...

4) 6 x 8 = ...

5) 7 - 3 = ...

6) 8 x (3²) = ...

7) 10 x 7 = ...

8) 6 ÷ 2 = ...

9) 4 x 6 = ...

10) 9 - 8 = ...

Day: « 4 » — Order of Operations — Score: ... /10

Solve the following operations (Using PEMDAS):

1) $2 \times (6^2) = \ldots$

2) $6 \times 2 = \ldots$

3) $4 + 8 = \ldots$

4) $10 \times 7 = \ldots$

5) $2 \times (5^2) = \ldots$

6) $7 \times (3^2) = \ldots$

7) $8 \times 6 = \ldots$

8) $6 \times 6 = \ldots$

9) $9 \div 3^2 = \ldots$

10) $2 + 4^2 = \ldots$

Day : « 5 » — Order of Operations — Score : ... /10

Solve the following operations (Using PEMDAS) :

1) 7 - 3 = ...

2) 3 + 3 = ...

3) 6 x 5 = ...

4) 6 x 10 = ...

5) 3 ÷ 3 = ...

6) 6 x 7 = ...

7) 5 - 2 = ...

8) 7 x 4 = ...

9) 6 x 2 = ...

10) 9 x 2 = ...

Day: « 6 » — Order of Operations — Score: ... /10

Solve the following operations (Using PEMDAS):

1) $3 \times 2 = $ ......

2) $2 \times (7^2) = $ ......

3) $4 \times 2^2 = $ ......

4) $10 \times 2 = $ ......

5) $5 \times 3^2 = $ ......

6) $9 \times 4 = $ ......

7) $10 + 8 = $ ......

8) $9 + 2^2 = $ ......

9) $5 \times 6 = $ ......

10) $7 + 4 = $ ......

Day : « 7 »   — *Order of Operations* —   *Score* : ... /10

Solve the following operations (Using PEMDAS) :

1) 8 - 2 = ……

2) 5 x 10 = ……

3) 5 x (2²) = ……

4) 2 x 6 = ……

5) 2 x 4 = ……

6) 3 x 10 = ……

7) 6 x 5 = ……

8) 7 x 5 = ……

9) 10 x 4 = ……

10) 6 x 3 = ……

Day: « 8 » — Order of Operations — Score: ... /10

Solve the following operations (Using PEMDAS):

1) 9×5 = ...

2) 8×10 = ...

3) $10 + 9$ = ...

4) $7 \times (3^2)$ = ...

5) $5 - 3$ = ...

6) 7×6 = ...

7) $10 - 8$ = ...

8) 4×4 = ...

9) $10 + 4$ = ...

10) 6×3 = ...

Day : « 9 »   — Order of Operations —   Score : ... /10

Solve the following operations (Using PEMDAS) :

1) $2 \times (2^2) = $ ......

2) $9 \times 2^2 = $ ......

3) $3 \times 7 = $ ......

4) $2 \times 8 = $ ......

5) $9 \div 9 = $ ......

6) $10 - 3^2 = $ ......

7) $5 - 2^2 = $ ......

8) $7 - 3 = $ ......

9) $8 - 5 = $ ......

10) $6 + 2 = $ ......

Day: « 10 » — Order of Operations — Score: ... /10

Solve the following operations (Using PEMDAS) :

1) 4×2 = ...

2) 4×6 = ...

3) 8×5 = ...

4) $5 - 2$ = ...

5) $3 + 8$ = ...

6) 8×9 = ...

7) $4 + 2$ = ...

8) $8 \times (3^2)$ = ...

9) 6×2 = ...

10) 6×9 = ...

Day: « 11 » — Order of Operations — Score: ... /10

Solve the following operations (Using PEMDAS):

1) $6 + 2 = $ ......

2) $5 + 3^2 \times 2^2 = $ ......

3) $4 \times 4^2 - 9 = $ ......

4) $10 \times 2 = $ ......

5) $10 + 6 \times 4 = $ ......

6) $5 \times (7 - 2) = $ ......

7) $9 \times (3 + 2^2) = $ ......

8) $5 \times 6 = $ ......

9) $6 \times (3 \div 6) = $ ......

10) $2 \times 8 \times 5 = $ ......

Day: « 12 » — Order of Operations — Score: ... /10

Solve the following operations (Using PEMDAS):

1) $3 \times (3 \div 3) = $ ......

2) $2 + 2 = $ ......

3) $3 \times 8 \times 2 = $ ......

4) $10 \times (3 \times 2) = $ ......

5) $4 + 9 = $ ......

6) $5 - 5^2 \div 5^2 = $ ......

7) $3 + 8 - 5 = $ ......

8) $4 \times 7 = $ ......

9) $10 + 10 = $ ......

10) $6 + 10 = $ ......

Day: « 13 » — Order of Operations — Score: ... /10

Solve the following operations (Using PEMDAS):

1) $3 \times 5^2 = $ ......

2) $2 \div 2 = $ ......

3) $2 \times (5^2 - 6) = $ ......

4) $8 \div 4 \times 5 = $ ......

5) $3 \times 9 + 5 = $ ......

6) $5 \times (2 \times 4) = $ ......

7) $5 + 5 \times (3^2) = $ ......

8) $2 \times 4^2 = $ ......

9) $2 + 8^2 = $ ......

10) $2 \times (4^2 \times 2) = $ ......

Day: « 14 » — Order of Operations — Score: ... /10

Solve the following operations (Using PEMDAS):

1) $8 + 6 = $ ......

2) $2 + 5 \times 5 = $ ......

3) $3 \times 5 = $ ......

4) $4 + 3^2 - 9 = $ ......

5) $3 \times 8 = $ ......

6) $4 \times 7 = $ ......

7) $6 + 6 \times 9 = $ ......

8) $5 \times 10 = $ ......

9) $10 \times 7 = $ ......

10) $10 \times 9 = $ ......

Day : « 15 » — Order of Operations —   Score : ... /10

Solve the following operations (Using PEMDAS) :

1) $8 + 2 =$ ......

2) $2 \times 2 =$ ......

3) $5 \times 7 =$ ......

4) $4 \times (3 \times 3) =$ ......

5) $3 \times 10^2 \div 2^2 =$ ......

6) $4 \times 3 =$ ......

7) $10 \times (10 - 2^2) =$ ......

8) $7 \times (2 \times 7) =$ ......

9) $7 + 2 \times 9 =$ ......

10) $2 + 8^2 - 4^2 =$ ......

Day : « 16 » — *Order of Operations* — Score : ... /10

Solve the following operations (Using PEMDAS) :

1) $2 + 6 =$ ......

2) $2 + 8^2 \div 4^2 =$ ......

3) $4 \times (7 - 5)^2 =$ ......

4) $10 \times 8 - 3^2 =$ ......

5) $7 \times (10 \div 10) =$ ......

6) $10 \times 3 =$ ......

7) $9 \times (2^2 \times 2) =$ ......

8) $2 \times (2^2 \times 6) =$ ......

9) $4 \times (9^2 - 8^2) =$ ......

10) $3 \times (2^2) =$ ......

Day : « 17 » — *Order of Operations* — **Score : ... /10**

Solve the following operations (Using PEMDAS) :

1) $4 + 9^2 - 8 = $ ......

2) $5 + 5 = $ ......

3) $10 \times 4 = $ ......

4) $9 + 9 + 9^2 = $ ......

5) $9 \times 7 = $ ......

6) $2 \times 9 = $ ......

7) $5 + 2 = $ ......

8) $2 \times (10 \div 2) = $ ......

9) $5 \times (4^2) = $ ......

10) $5 \times 3 = $ ......

Day: « 18 » — Order of Operations — Score: ... /10

Solve the following operations (Using PEMDAS):

1) $8 + 8^2 = $ ......

2) $2 \times (10^2 - 9^2) = $ ......

3) $10 \times 6 = $ ......

4) $2 \times 3 - 3 = $ ......

5) $5 \div 10 \times 10 = $ ......

6) $8 + 2 = $ ......

7) $3 \times (2^2) = $ ......

8) $2 \times 6 = $ ......

9) $6 + 4^2 = $ ......

10) $9 \times 8 = $ ......

Day : « 19 » — Order of Operations — Score : ... /10

Solve the following operations (Using PEMDAS) :

1) $5 \times 7 = $ ......

2) $6 + 8 = $ ......

3) $7 - 6 + 6^2 = $ ......

4) $6 \times (4^2) = $ ......

5) $3 \times (2^2 \times (2^2)) = $ ......

6) $4 \times 4 = $ ......

7) $2 \times (3 \times 6) = $ ......

8) $2 \times (4 + 10) = $ ......

9) $6 \times (3^2) = $ ......

10) $9 \times 9 + 3 = $ ......

Day : « 20 » — Order of Operations — Score : ... /10

Solve the following operations (Using PEMDAS) :

1) $10 \div 5 = $ ......

2) $9 \div 9^2 \times (6^2) = $ ......

3) $5 + 8 \times 10 = $ ......

4) $10 \times 5 = $ ......

5) $7 \times 7 = $ ......

6) $10 \div 8 \times (2^2) = $ ......

7) $9 \div 9 \times 9 = $ ......

8) $4 + 5 \times 7 = $ ......

9) $7 + 6^2 - 5^2 = $ ......

10) $8 \times 8^2 \div 4^2 = $ ......

Day : « 21 »   — *Order of Operations* —   **Score** : ... /10

Solve the following operations (Using PEMDAS) :

1) $3 \times 9^2 - 4^2 \times 9 = $ ......

2) $6 \times (2 \times 2) = $ ......

3) $8 \div 6 \times (9^2 \div 3) = $ ......

4) $10 \times (2^2) = $ ......

5) $5 \times 8 - 10 = $ ......

6) $9 \times (2^2) = $ ......

7) $2 \times (3 \times (2^2 \times 3)) = $ ......

8) $10 \div 9 \times 9^2 \div 3 = $ ......

9) $2 \times 2^2 \times 5 = $ ......

10) $9 \times (3^2 + 3)^2 \div 6^2 = $ ......

Day : « 22 » — *Order of Operations* —   Score : ... /10

Solve the following operations (Using PEMDAS) :

1) $9 + 8 \times (6 \div 4)^2 = $ ......

2) $8 \div 2 = $ ......

3) $9 \times (9 - 8) + 9 = $ ......

4) $9 \div 3 + 2^2 = $ ......

5) $2 + 4^2 = $ ......

6) $3 \times (6 \times 3) = $ ......

7) $8 \times (10 \div 4)^2 = $ ......

8) $7 + 2 \times (3 \times 4) = $ ......

9) $6 + 7 + 6^2 = $ ......

10) $9 \times (3^2) = $ ......

Order of Operations

Solve the following operations (Using PEMDAS):

1) $4 + 5 = $ ......

2) $10 + 7 + 6 \times 2 = $ ......

3) $4 \times (6 + 5) = $ ......

4) $5 + 3^2 \times 9 = $ ......

5) $2 \times 6^2 - 4^2 = $ ......

6) $6 \times 7 = $ ......

7) $7 \times (3^2) = $ ......

8) $7 + 2 \times (4 - 4) = $ ......

9) $3 + 2^2 = $ ......

10) $2 \times (6^2) = $ ......

Order of Operations

Solve the following operations (Using PEMDAS):

1) $3 \times (2^2 \times 3) = \ldots$

2) $3 + 9^2 = \ldots$

3) $8 \times 10 = \ldots$

4) $4 \times 10 = \ldots$

5) $2 \times (5 \times 4) = \ldots$

6) $6 \times 10 = \ldots$

7) $9 + 9 \times 10 \div 10 = \ldots$

8) $10 \times (6^2 \times (2 \div 4)^2) = \ldots$

9) $8 \times 4 = \ldots$

10) $2 - 4^2 + 5^2 + 2^2 = \ldots$

Day : « 25 »   — *Order of Operations* —   Score : ... /10

Solve the following operations (Using PEMDAS) :

1) $9 + 6^2 \times (8 \div 8)^2 = $ ......

2) $2 \times (9 \times 7^2 \div 7^2) = $ ......

3) $8 \times 9 = $ ......

4) $3 \times 10 = $ ......

5) $3 \times (9 \div 9) \times 4^2 = $ ......

6) $9 \div 5^2 \times (9^2 - 6) = $ ......

7) $3 \times (3^2) = $ ......

8) $5 + 5 \times (3^2) = $ ......

9) $10 - 7 + 6 = $ ......

10) $3 \div 8 \times 8 = $ ......

Day : « 26 » — *Order of Operations* — Score : ... /10

Solve the following operations (Using PEMDAS) :

1) 8 ÷ 4 x 10 = ...

2) 6 x 7 = ...

3) 4 ÷ 10 x (6 x 5) = ...

4) 10 x 5 = ...

5) 7 + 6² = ...

6) 8 x 6 = ...

7) 6 x (3² x (4 ÷ 9)) = ...

8) 5 x (2 x 2) = ...

9) 7 x (2 x 7) = ...

10) 10 + 4 x 7 = ...

Day : « 27 » — *Order of Operations* — **Score :** ... /10

Solve the following operations (Using PEMDAS) :

1) $6 \div 2 + 2 \times 5 =$ ......

2) $5 \times 4^2 - 4^2 =$ ......

3) $3 \times (10 + 5) =$ ......

4) $5 - 4 =$ ......

5) $5 \times (4 \times 3) =$ ......

6) $7 \times 8 =$ ......

7) $2 \times 5 =$ ......

8) $2 + 2 \times 9 =$ ......

9) $6 - 8 + 2 \times (6^2) =$ ......

10) $4 \times 3 \div 6^2 \times (3^2) =$ ......

Day: « 28 » — Order of Operations — Score: ... /10

Solve the following operations (Using PEMDAS):

1) $2 \div 6^2 \times (9 \times 10) = $ ......

2) $5 \div 10 \times (3^2 \times 2^2) = $ ......

3) $4 \times (3 \times 2) = $ ......

4) $4 \times 3 = $ ......

5) $2 \times (10 + 8) - 5^2 = $ ......

6) $6 \times 7 = $ ......

7) $10 \div 2 \times 7 = $ ......

8) $10 \times 4 = $ ......

9) $2 \times (2^2 \times 4^2 \div 4) = $ ......

10) $4 \div 8 \times (3^2 \times 2) = $ ......

Day : « 29 » — Order of Operations — Score : ... /10

Solve the following operations (Using PEMDAS) :

1) $6 \times 10 = $ ......

2) $3 \times (7^2 - 8 \times 4) = $ ......

3) $4 \div 8 \times (2^2) = $ ......

4) $2 \times 8 = $ ......

5) $9 + 2 \times 4 = $ ......

6) $7 \times (2 \times 2) = $ ......

7) $2 \times (4 \times 10 + 8) = $ ......

8) $9 - 3 - 5 = $ ......

9) $5 \times (2 \times 2^2) = $ ......

10) $6 + 6 = $ ......

Day : « 30 » — Order of Operations — **Score :** ... /10

Solve the following operations (Using PEMDAS) :

1) $3 \div 7 \times (7 \times 5^2) = $ ......

2) $10 \div 6^2 \times (3 \times 2)^2 = $ ......

3) $10 - 3 + 8^2 - 7^2 = $ ......

4) $10 \div 2^2 \times 4 = $ ......

5) $9 \times 4 - 9 = $ ......

6) $8 - 6 + 3^2 + 3 = $ ......

7) $7 \times (3 \times (7 \div 7)^2) = $ ......

8) $8 + 9 \times 8 = $ ......

9) $6 \times 4 \div 2 - 4 = $ ......

10) $9 \times 2 = $ ......

Solve the following operations (Using PEMDAS):

1) $8 - 4 = \ldots$

2) $3 + 9^2 = \ldots$

3) $6 \times (9 \times (3 - 10 \div 4)) = \ldots$

4) $10 \times (6 \div 10 \times 10) = \ldots$

5) $9 + 8 \times (3^2 - 2) = \ldots$

6) $5 \times (9 \div 6^2 \times (9 - 7)^2) = \ldots$

7) $5 \div 3 \times 3 \times (4 \times 3) = \ldots$

8) $4 \times (2 + 5) = \ldots$

9) $2 \times (2 \times 5 - 8) = \ldots$

10) $5 - 4^2 - 7 + 4^2 \times 2 = \ldots$

Day : « 32 » — *Order of Operations* — **Score : ... /10**

Solve the following operations (Using PEMDAS) :

1) $4 + 9^2 = $ ......

2) $8 \times (2^2 + 3) = $ ......

3) $5 \times (7^2 - 5) \div 10 - 4 = $ ......

4) $4 \times (5 \div 2 \times 6) = $ ......

5) $10 + 3 \times (3 + 7)^2 \div 2^2 = $ ......

6) $3 \times 2 \times (3^2) = $ ......

7) $2 \times (2 \times 3 \times 7) = $ ......

8) $3 \div 2^2 \times (4^2) = $ ......

9) $5 \times 9 = $ ......

10) $3 + 6^2 - 9 + 6 \times 3 = $ ......

Day : « 33 » — *Order of Operations* — **Score : ... /10**

Solve the following operations (Using PEMDAS) :

1) $6 \times (4 \times 6^2 \div 9) = $ ......

2) $5 + 9^2 - 7^2 = $ ......

3) $7 \times 2 - 7 = $ ......

4) $7 \times (7 - 4)^2 - 5^2 = $ ......

5) $4 \times (5 \times (9 \div 5)) = $ ......

6) $2 \times (2 + 2)^2 = $ ......

7) $4 \times (2 \times 7 + 10) = $ ......

8) $4 \times 4 \div 3 \times 9 = $ ......

9) $2 \times (3 + 5) = $ ......

10) $7 + 2 + 2 \times (2 \times 4) = $ ......

Day: « 34 » — Order of Operations — Score: ... /10

Solve the following operations (Using PEMDAS):

1) $8 + 6^2 + 10^2 \times (4 \div 10)^2 = $ ......

2) $5 \times (9 - 8^2 \div 10) = $ ......

3) $6 + 3 \times 6 = $ ......

4) $6 \times 6 = $ ......

5) $10 + 7^2 + 2^2 \times 3 = $ ......

6) $9 \times (8 \div 3^2 \times 9) = $ ......

7) $9 + 10 = $ ......

8) $9 \times 9 = $ ......

9) $7 \times (2^2 - 2 - 2)^2 + 3^2 = $ ......

10) $4 \times (3 \div 3) \times (2^2) = $ ......

Day: « 35 » — Order of Operations — Score: ... /10

Solve the following operations (Using PEMDAS):

1) $2 + 10 \div 2 \times 2 + 2 =$ ......

2) $5 \times (4^2) =$ ......

3) $6 \times (3^2 \times 7) - 3^2 \times 6^2 =$ ......

4) $5 + 10^2 \div 10^2 =$ ......

5) $2 \times (4 \times 7) =$ ......

6) $8 \div 4 \times (2 \times (9 + 6)) =$ ......

7) $5 \times (4^2) =$ ......

8) $9 \div 9 \times (8 \times (3^2 \div 2)) =$ ......

9) $2 \times 3^2 - 2 - 2^2 =$ ......

10) $5 \times 3^2 =$ ......

Day : « 36 » — Order of Operations — Score : ... /10

Solve the following operations (Using PEMDAS) :

1) $2 \times 8 = $ ......

2) $8 - 5 + 4 = $ ......

3) $2 \times 2^2 \div 4^2 \times (8^2) = $ ......

4) $6 + 3^2 \times (9 - 4) = $ ......

5) $4 \times (8 \div 6^2 \times (9^2)) = $ ......

6) $10 - 2 + 5 \times 7 = $ ......

7) $4 \times (4 \times 4) = $ ......

8) $7 \times 6 + 5 \times 3^2 + 5 = $ ......

9) $2 + 3 + 2^2 \times 5 = $ ......

10) $6 \times (8 \div 8)^2 \div 10 \times 10 = $ ......

Day : « 37 » — Order of Operations — **Score** : ... /10

Solve the following operations (Using PEMDAS) :

1) $2 + 9 \div 3^2 \times (2^2) = $ ......

2) $8 + 3^2 \times (2^2) = $ ......

3) $8 \times 4 = $ ......

4) $7 \times (4 \times 2^2 - 7) = $ ......

5) $10 + 5 \times 4 = $ ......

6) $8 \times (8 \times 2 \times (2^2 \div 8)^2) = $ ......

7) $10 \times 5 = $ ......

8) $10 \times (9^2 - 6^2 \times 2) = $ ......

9) $4 \times (3^2 - 7)^2 = $ ......

10) $5 - 2^2 + 4^2 \times (2^2) = $ ......

Day: « 38 » — Order of Operations — Score: ... /10

Solve the following operations (Using PEMDAS):

1) $7 + 6 + 3 \times 5 = $ ......

2) $4 \times 7 + 3^2 - 2^2 \times 3 = $ ......

3) $9 + 2 \times (6 - 3) = $ ......

4) $7 \times 4 = $ ......

5) $2 \div 2^2 \times 3 \div 2 \times 10^2 = $ ......

6) $7 \times (6 \times 2 \times (3 \div 3)) = $ ......

7) $4 \times 10 \times (7 \div 7) = $ ......

8) $3 \div 3 \times 4 = $ ......

9) $9 + 2^2 \times (2 \times 8 - 4^2) = $ ......

10) $4 \times 6 = $ ......

Day : « 39 » — *Order of Operations* — **Score : ... /10**

Solve the following operations (Using PEMDAS) :

1) $2 + 8 + 5 \times (4 \times 2) = $ ......

2) $2 + 6^2 - 6 = $ ......

3) $3 \times (2 \times 2^2) = $ ......

4) $6 + 10 + 3^2 \div 3 \times (3^2) = $ ......

5) $3 \times (6 \times 4) = $ ......

6) $9 \times 10 = $ ......

7) $2 \div 6 \times (9^2 \times 3) = $ ......

8) $2 \times 6 - 2^2 + 7 \times 6 = $ ......

9) $4 + 9 = $ ......

10) $4 \div 4^2 \times (4^2) = $ ......

Day: « 40 » — Order of Operations — Score: ... /10

Solve the following operations (Using PEMDAS):

1) $10 \times 6 = $ ......

2) $10 \times (4 \div 2) = $ ......

3) $6 \div 7 \times 7 = $ ......

4) $9 \times 10 = $ ......

5) $5 \times 3 = $ ......

6) $7 \times (9 \times 10 \div 10) = $ ......

7) $3 \times 7 = $ ......

8) $9 + 5 \times 7 = $ ......

9) $5 \times (9^2 - 6^2 \times 2 + 8) = $ ......

10) $6 + 5 - 8 = $ ......

Solve the following operations (Using PEMDAS):

1) $6 \times 6 + 5 \times (3^2 - 6) = \ldots$

2) $10 \times (9 + 10) - 6^2 \times (7 - 4) = \ldots$

3) $8 \div 7^2 \times (8 - 5) \times 3 \times (7^2) = \ldots$

4) $8 \times 5^2 \div 4 = \ldots$

5) $5 \times 5 = \ldots$

6) $3 \times (2^2 \times 8) = \ldots$

7) $2 \times (5 \times 4) = \ldots$

8) $3 \times (8 \times (3^2 - 7) \times (10 \div 6)) = \ldots$

9) $4 \times 8 = \ldots$

10) $3 \times (4 \times 6^2 \times (4 \div 8^2)) = \ldots$

Day : « 42 » — *Order of Operations* — **Score : ... /10**

Solve the following operations (Using PEMDAS) :

1) $3 \times (7 \times (2^2 \div 4)^2) = $ ......

2) $9 \times (4 \times (7^2 - 7^2 + 4 \div 3)) = $ ......

3) $3 + 10 \times 3^2 \times (8 - 7) = $ ......

4) $6 \div 3 + 3 \times (8 \times (2 - 2)) = $ ......

5) $10 \times 4 = $ ......

6) $2 + 8^2 = $ ......

7) $5 \times (2 \times 6 \times (6^2 \div 9 \div 8)) = $ ......

8) $5 \times (5 \times 2) = $ ......

9) $7 \times (10 \div 4) \times (8 - 6)^2 \div 7 = $ ......

10) $9 \times 7 = $ ......

Day : « 43 » — Order of Operations — Score : ... /10

Solve the following operations (Using PEMDAS) :

1) $5 + 2 \times (2 \times (6 + 5) \times 2) = \ldots$

2) $2 \times (2^2 \times (6 - 5)) = \ldots$

3) $9 \times (9 \times 2 - 4^2) = \ldots$

4) $8 + 6^2 \div 2^2 = \ldots$

5) $8 + 4 \times 9 = \ldots$

6) $5 - 8 + 4 \times (10 \times 2) = \ldots$

7) $2 \times 2 = \ldots$

8) $3 \times (2 \times (4^2)) = \ldots$

9) $10 \times (3^2 - 5) \times (3^2 - 8) = \ldots$

10) $4 \times (4 \times 9^2 \div 6^2) = \ldots$

Day : « 44 » — *Order of Operations* — Score : ... /10

Solve the following operations (Using PEMDAS) :

1) $2 \times (6 - 2) =$ ......

2) $6 \times (2 \times (5 \div 4)) =$ ......

3) $5 \times (4 + 7) + 8 =$ ......

4) $2 \times (4^2 + 3^2) =$ ......

5) $5 + 2^2 \times 2^2 + 3 \times (3^2) =$ ......

6) $7 \times (9 \div 9)^2 \div 7 \times (3 + 4) =$ ......

7) $8 \times 4 =$ ......

8) $7 \times (8 \div 2^2 \times 5) =$ ......

9) $8 \div 8 \times (9 \times 4 + 7^2 - 2) =$ ......

10) $6 - 4 + 10 =$ ......

Day : « 45 » — Order of Operations — **Score** : ... /10

Solve the following operations (Using PEMDAS) :

1) $5 \times (4 \times (6 \div 3)) =$ ......

2) $7 - 4 + 3^2 =$ ......

3) $6 \times 2 =$ ......

4) $3 \times (8 - 5) - 2 =$ ......

5) $10 + 6^2 =$ ......

6) $4 + 9^2 - 2^2 \times (3 \times (7 - 7)) =$ ......

7) $4 \times 2 - 6^2 \times (9^2 \times (5 - 5)) =$ ......

8) $7 \times (5 \times (2^2 \times 2^2 \div 8)) =$ ......

9) $4 \times 2 \times 10 =$ ......

10) $2 \times 5 =$ ......

Day : « 46 » — *Order of Operations* — **Score : ... /10**

Solve the following operations (Using PEMDAS) :

1) $2 \times 10 =$ ......

2) $8 \times (4 \times (2^2 - 3)) =$ ......

3) $6 \times (10 \div 3^2 \times 9) =$ ......

4) $10 \div 3 \times (7 + 2) =$ ......

5) $5 \div 4 \times (3^2 \div 3 \times 5^2 - 3) =$ ......

6) $9 \times 5 \times 2 =$ ......

7) $7 \times (2^2 \times (9 \div 6)) =$ ......

8) $6 + 5 \times (5 \times (3^2 - 8)) =$ ......

9) $3 \times (4^2 \times 4 \times (2 \div 4)^2) =$ ......

10) $8 \times (4 + 5) =$ ......

Day : « 47 » — *Order of Operations* — **Score :** ... /10

Solve the following operations (Using PEMDAS) :

1) $7 \div 7 \times (5^2 \times (8 - 5)) = $ ......

2) $3 \times (10 \times (2^2 - 4 + 3)) = $ ......

3) $2 \times (2^2 \times 6) = $ ......

4) $4 \times 10 = $ ......

5) $6 \times (6 \div 4)^2 \div 3 \times (3^2 \times 2) = $ ......

6) $10 \div 6 \div 5^2 \times (3^2 \times 5) = $ ......

7) $2 + 8 \times (3 + 5) - 8 \times 6 = $ ......

8) $10 \times (3 \times (9 \div 9)^2 \div 2 \times 2) = $ ......

9) $9 + 9 \times (4 \times 2) = $ ......

10) $5 \times 3^2 - 3 \times (3^2) = $ ......

Day : « 48 » — Order of Operations — Score : ... /10

Solve the following operations (Using PEMDAS) :

1) $5 \times 7 - 3 \times (4^2 - 6) = $ ......

2) $7 + 2^2 \times (7 \times 2 \times (6 - 6)^2) = $ ......

3) $8 \div 5^2 \times (8 \times (5^2)) = $ ......

4) $9 \times 2 \times (2^2) = $ ......

5) $2 \times (7 \div 7)^2 \times (7^2) = $ ......

6) $10 - 2^2 \times (8^2 - 2) + 3 \times (10^2) = $ ......

7) $5 \times (10 \div 5) \times 2 = $ ......

8) $4 \times (6 - 5)^2 \times 2 = $ ......

9) $7 \times (10 + 4) = $ ......

10) $7 \times (3^2) = $ ......

Day : « 49 » — Order of Operations — Score : ... /10

Solve the following operations (Using PEMDAS) :

1) $2 \times (3^2 \times 3) =$ ......

2) $5 + 4^2 =$ ......

3) $6 \times (2 \times (7^2 \div 7)) =$ ......

4) $6 + 9 \times (10 - 5 \times (2^2 \div 4)^2) =$ ......

5) $6 \times (4 + 5) =$ ......

6) $5 \times (2 \times (2^2 + 3)) =$ ......

7) $2 \times (2^2 \times 6) =$ ......

8) $7 \div 7^2 \times (7 \times 10 + 8 \times (7^2)) =$ ......

9) $6 + 8 \times (2^2) =$ ......

10) $7 \times 7 =$ ......

Day : « 50 » — Order of Operations — Score : ... /10

Solve the following operations (Using PEMDAS) :

1) $9 \times (6 \times (4 \div 9)^2 \times 3) = $ ......

2) $8 \div 4 \div 2 \times (6^2) = $ ......

3) $2 \times (9^2 + 7) + 10^2 \div 10^2 - 10^2 = $ ......

4) $5 \times (3 \times 4) = $ ......

5) $4 \times (4^2) = $ ......

6) $4 + 4 \times (3^2 \times (5^2 \div 5^2)) = $ ......

7) $7 + 2 \times (9 \times (10 - 2 \times 4)) = $ ......

8) $2 \times 2 = $ ......

9) $5 \div 5 \div 9^2 \times (9^2 \times 2) \times 5 = $ ......

10) $7 + 8^2 \times (2 \times (4 \div 8)) = $ ......

Day : « 51 » — Order of Operations — Score : ... /10

Solve the following operations (Using PEMDAS) :

1) $4 \times (8 + 2^2) = $ ......

2) $5 \times (4 \times 7 - 4^2) = $ ......

3) $5 \times (2 \times 9) = $ ......

4) $10 + 6 \times 4 \div 9 \times 9 = $ ......

5) $10 \times (4 - 2) = $ ......

6) $2 \times (8 \times 2) = $ ......

7) $4 \times (4 \times 5 - 9) = $ ......

8) $3 \times (2 \times 8) = $ ......

9) $2 \times (6 + 6 \times 4^2 \div 2^2) = $ ......

10) $6 \div 5 \times (6 \times 10) = $ ......

Day : « 52 »   — *Order of Operations* —   *Score* : ... /10

Solve the following operations (Using PEMDAS) :

1) $2 \times (4 \times (2^2)) = $ ......

2) $8 \div 2^2 + 2^2 \times (8 - 8)^2 = $ ......

3) $10 \times (9 \times (4 \div 6^2 \times 2^2)) = $ ......

4) $2 \div 3^2 \times (9^2) = $ ......

5) $4 + 2 \div 6 \times (3 \times 5) = $ ......

6) $3 \times (2 \times (3^2)) = $ ......

7) $8 \times (4^2 - 8) = $ ......

8) $2 \times (3 \times 4 + 5^2) = $ ......

9) $7 - 3^2 + 2 \times 10 = $ ......

10) $6 \times 2 \times (4 \div 6) \times 4 = $ ......

Day : « 53 » — Order of Operations — Score : ... /10

Solve the following operations (Using PEMDAS) :

1) $9 \div 2 \times 10 = $ ......

2) $2 \div 3 \times (9^2) = $ ......

3) $10 + 5^2 + 2 = $ ......

4) $5 \div 3 \times 9 = $ ......

5) $3 + 10^2 \div 8 \times (2^2) = $ ......

6) $5 \times (10 + 8) = $ ......

7) $4 \times (2 \times 2 - 7 \div 2) = $ ......

8) $2 \times 7 - 5 + 5^2 = $ ......

9) $3 \times (2 \times 4 \times 2) = $ ......

10) $8 \div 8 \times (9^2 \div 3^2 \times 2) = $ ......

Day : « 54 »   — Order of Operations —   Score : ... /10

Solve the following operations (Using PEMDAS) :

1) $3 \times (2 \div 6 \times 4 \times 7) = $ ......

2) $9 + 6 + 10 + 8 = $ ......

3) $7 \times (7 - 4) + 6^2 = $ ......

4) $4 + 10 \times (2^2) = $ ......

5) $7 + 4^2 \times (10^2 \times (2 - 2)) = $ ......

6) $7 + 5 \div 2 \times 2 = $ ......

7) $3 \times 2^2 \times (2 \times 2^2) = $ ......

8) $4 \div 10^2 \times (10 \times (10 \times 8)) = $ ......

9) $4 \times (5 \times 3 - 7) = $ ......

10) $6 \times 2 \div 3 \times 5 = $ ......

Day : « 55 » — Order of Operations — Score : ... /10

Solve the following operations (Using PEMDAS) :

1) $2 \times (7 - 4) \times 5 = $ ......

2) $8 \div 2 + 6 = $ ......

3) $3 + 2 \times (9 - 9) \times 3 = $ ......

4) $2 \times (7^2 - 3) + 5 = $ ......

5) $8 \times (4 - 2) - 3 + 8^2 = $ ......

6) $2 \times (9 + 10) = $ ......

7) $2 \times 7^2 + 7^2 - 7^2 = $ ......

8) $6 \times (3^2 \times (4 - 3)^2) = $ ......

9) $3 \times (5 + 3^2 + 3) = $ ......

10) $9 \times 10 \div 5^2 \times (5^2) = $ ......

Day : « 56 » — Order of Operations — Score : ... /10

Solve the following operations (Using PEMDAS) :

1) $10 \times (3 \times 3) \div 3 - 2 = $ ......

2) $4 + 7 \times (3^2) = $ ......

3) $4 \times 3^2 \times 2 = $ ......

4) $3 + 7 + 8 \div 7 \times (7^2) = $ ......

5) $7 + 3^2 - 2 - 4 + 5^2 = $ ......

6) $6 \times (2^2 \div 4^2 \times 8) = $ ......

7) $2 \div 7 \times (10 - 3) + 9 = $ ......

8) $2 \times 4 - 6 = $ ......

9) $4 - 9^2 - 4 + 2^2 \times (5^2) = $ ......

10) $5 + 3 - 7 = $ ......

Day: « 57 » — Order of Operations — Score: ... /10

Solve the following operations (Using PEMDAS):

1) $2 \times (2 \times 4^2) = $ ......

2) $8 \times (10 - 3 \div 9 \times 3) = $ ......

3) $2 \div 8 \times (6 \times 4 \times 7) = $ ......

4) $4 \times (2 \times 3 \times 3) = $ ......

5) $2 - 4^2 + 4^2 \times 7 = $ ......

6) $2 \times (7 - 5)^2 \times (3 \times 2) = $ ......

7) $10 \times 3 - 5 + 8 \times 7 = $ ......

8) $2 \times (9 \times 2^2) = $ ......

9) $8 \times (2^2 + 10) \div 4 = $ ......

10) $2 \times (5 \div 9 \times 7 \times 3^2) = $ ......

Day : « 58 » — *Order of Operations* — Score : ... /10

Solve the following operations (Using PEMDAS) :

1) $3 \times (5 \times 2 \times (3 \div 3)) = $ ......

2) $2 \times (2 + 3) \times (3^2) = $ ......

3) $3 + 8 \times 3^2 + 6^2 - 8^2 = $ ......

4) $5 \div 5 \times (10 - 5)^2 - 7 = $ ......

5) $3 \times (10 \times 6) - 3^2 \times 9 = $ ......

6) $10 \times 6 \times (2 \times (2^2 \div 4^2)) = $ ......

7) $2 \times (9 + 8 \times 2^2) = $ ......

8) $6 \times (2 \times (2^2)) = $ ......

9) $2 \times (9 + 10 \times (4 - 3)) = $ ......

10) $10 \times 2 - 2 = $ ......

Day : « 59 » — *Order of Operations* — **Score** : ... /10

Solve the following operations (Using PEMDAS) :

1) $8 + 5 \times (4^2) = $ ......

2) $3 \times (3 \times 5) = $ ......

3) $3 \times (9 \times 8 \times (7 \div 6^2)) = $ ......

4) $6 \times (3^2 \times (6 \div 4)) = $ ......

5) $2 + 2 \times 8 = $ ......

6) $5 \div 10 \times (6 \times (2 \times 5)) = $ ......

7) $9 \times (5 \div 3 \div 9)^2 \times (9^2) = $ ......

8) $6 \times (3 + 5^2 \times (2 \div 4)) = $ ......

9) $9 + 7 \times (10 + 10) \div 4 = $ ......

10) $3 \times (2^2 \times 8) = $ ......

Day : « 60 » — Order of Operations —   Score : ... /10

Solve the following operations (Using PEMDAS) :

1) $9 \times (3 \times (8 \div 2^2)) = $ ......

2) $2 \times (4 \times 8 - 2) = $ ......

3) $7 \times (7 \times 2) = $ ......

4) $9 \times (2 + 5)^2 \times (3^2 \div 7^2) = $ ......

5) $7 \times (4^2 - 5 \times 2 + 3) = $ ......

6) $2 \times (6 \times 4 + 9) = $ ......

7) $10 + 7 + 5^2 - 3 \times 2 = $ ......

8) $10 + 6 \times (6 - 5) \times (2^2) = $ ......

9) $3 \times (3^2 - 8) + 8 = $ ......

10) $10 \times (2^2 \times 9^2 \div 6^2) = $ ......

Day : « 61 » — Order of Operations — Score : ... /10

Solve the following operations (Using PEMDAS) :

1) $2 \times (6 - 5)^2 + 8^2 - 7 =$ ......

2) $8 \div 10 \times (3 \times 2 \times 5) =$ ......

3) $6 \div 8^2 \times (3^2 \times (6^2 - 2^2)) =$ ......

4) $8 + 9^2 \div 3^2 \times (6^2 \div 3^2) =$ ......

5) $9 + 2 \times (2 \times 5 + 5^2) =$ ......

6) $10 + 10^2 - 3 \times (3 \times 2) =$ ......

7) $8 + 5^2 \times (6 - 2 \times 2) =$ ......

8) $4 \times (2^2 \times 4) - 6 \times (2^2) =$ ......

9) $2 \times (5^2 + 6 - 10^2 + 10^2) =$ ......

10) $4 - 7 + 2^2 \times (4 \times 3) =$ ......

Solve the following operations (Using PEMDAS) :

1) 6 x (7 x 5 - 6 x 4) = ...

2) 7 x (9 x 10 ÷ 2 ÷ 3²) = ...

3) 3 x (8 ÷ 8) x (2 x (2²)) = ...

4) 7 x (3² x (3 x 3² ÷ 9²)) = ...

5) 8 x (5 ÷ 2)² + 8 x (2²) = ...

6) 9 - 5 x (7 x (6 - 6)) = ...

7) 4 x (3 x (2² x 2² ÷ 2²)) = ...

8) 3 x (2 x 3² + 4 - 2) = ...

9) 3 - 10² + 6 x (3 x (3²)) = ...

10) 3 ÷ 8² x (9 x 4 x (4²)) = ...

Day : « 63 » — *Order of Operations* — Score : ... /10

Solve the following operations (Using PEMDAS) :

1) $2 \times (9 \div 3^2 \times (9 \times 4)) = \ldots$

2) $8 \times (3 \times 6^2 - 5^2 \times 2^2) = \ldots$

3) $6 \times (5 \div 10^2 \times (5 \times 4)) = \ldots$

4) $4 \times (4 \div 8)^2 \times (3^2 \times 5) = \ldots$

5) $10 \times (2 + 3 \div 2 \times (2^2)) = \ldots$

6) $9 \div 10^2 \times (10^2 \times (8 - 5)) = \ldots$

7) $9 \times (8 \times 2^2 \div 6^2 \times 8) = \ldots$

8) $2 \div 6^2 \times (8 \times 6 \times 3) = \ldots$

9) $9 + 4 \times (3 + 2) \times 4 = \ldots$

10) $2 \times (9 \div 9)^2 \times (8 \times 5) = \ldots$

Day: « 64 » — *Order of Operations* — Score: ... /10

Solve the following operations (Using PEMDAS):

1) $2 \div 5 \times (4 \times 5 \times (2^2)) = $ ......

2) $3 - 5 + 4 + 3^2 \times (2^2) = $ ......

3) $10 \times (4 \times 3 + 2 - 8) = $ ......

4) $2 + 9 \times (5 - 5)^2 \times 3 = $ ......

5) $10 \times (2^2 \times (3 + 4)^2 \div 7^2) = $ ......

6) $4 \times (5 \times (2 \div 8 \times 10)) = $ ......

7) $7 \times (8 \times 3 - 4 \times 4) = $ ......

8) $2 - 8 \times (3^2 \times (3^2 - 9)) = $ ......

9) $5 \times (2^2 \times (2 \times (3^2 \div 5))) = $ ......

10) $2 \times (6 - 5) \times (9 \times 5) = $ ......

Day : « 65 »   — Order of Operations —   Score : ... /10

Solve the following operations (Using PEMDAS) :

1) $10 + 6 + 9 + 6^2 \times 2 =$ ......

2) $6 \times (10 - 7) \times 5 - 3 =$ ......

3) $2 - 4^2 \times (7 - 7) \times (4^2) =$ ......

4) $2 \times (2 \times 5^2 - 3 \times 4) =$ ......

5) $6 - 2 \times (3 \times (4 \div 8)) =$ ......

6) $3 + 10 \times (8 \div 10) + 6 =$ ......

7) $2 \times (6 \times 2^2 \times (2 \div 3)) =$ ......

8) $3 - 2^2 \times (3^2 - 9)^2 \times 2 =$ ......

9) $5 \times (6 \div 9)^2 \div 6^2 \times (9^2) =$ ......

10) $3 \times (3 + 3)^2 \times (2^2 \div 3^2) =$ ......

Day : « 66 »   — *Order of Operations* —   Score : ... /10

Solve the following operations (Using PEMDAS) :

1) $10 \times (3^2 - 7) + 8^2 + 4 =$ ......

2) $3 \times (2^2 \times 2 - 7 + 4)^2 =$ ......

3) $2 \times (4 \div 4)^2 \times (2 \times 10) =$ ......

4) $2 \times 4 - 5 + 4 \times (4^2) =$ ......

5) $3 \times (2 \times 9 + 9 + 4) =$ ......

6) $3 \times (5 + 6) + 9 \times 4 =$ ......

7) $4 \times (2 + 10 \div 10)^2 - 2^2 =$ ......

8) $6 \times (10 \times 8 \div 4^2 - 2^2) =$ ......

9) $2 \times (10^2 \times (2^2 \times 2 \div 8^2)) =$ ......

10) $2 \times (9^2 \div 3^2 + 2 \times 3) =$ ......

Day : « 67 »   — Order of Operations —   Score : ... /10

Solve the following operations (Using PEMDAS) :

1) $4 \times (2^2 \times (9 \div 3^2 \times 4)) = \ldots$

2) $10 \times (2 \times 9 \times (2^2 \div 6^2)) = \ldots$

3) $2 \times (4 + 8 \div 4^2 \times 2^2) = \ldots$

4) $2 + 6^2 \times (7 \div 10^2 \times 5^2) = \ldots$

5) $8 \times (10 \div 2) - 5 \times 6 = \ldots$

6) $6 \times (7^2 \times 8 - 6 \times (8^2)) = \ldots$

7) $2 \times (5 \times (2^2 \times (7 \div 10))) = \ldots$

8) $3 \times (3^2 \times 2^2 \div 6 \times 2^2) = \ldots$

9) $8 \times (3^2 - 8)^2 + 6 + 10 = \ldots$

10) $10 \times (4 \div 10^2 \times 5) \times 3 = \ldots$

Day : « 68 » — Order of Operations — Score : ... /10

Solve the following operations (Using PEMDAS) :

1) $4 \times (3^2 + 9 - 5) - 3^2 = \ldots$

2) $4 \times (10 + 3^2 - 9) + 4^2 = \ldots$

3) $3 + 2^2 \times (9 - 3) \times 4 = \ldots$

4) $7 \times (2 \times 9 - 2^2 \times (2^2)) = \ldots$

5) $3 \div 4^2 \times (9 \times (2^2 \times 8)) = \ldots$

6) $10 \div 8^2 \times (7 \times (2^2 \times 4^2)) = \ldots$

7) $5 \times (2^2 \times (2^2 \times 9 \div 9)) = \ldots$

8) $5 \times 3 + 4^2 \times 2^2 - 2 = \ldots$

9) $7 \times (4 \times 2^2 - 5 \times 3) = \ldots$

10) $4 \times (9 \times (5^2 \times (2 \div 10)^2)) = \ldots$

Day : « 69 » — *Order of Operations* — **Score : ... /10**

Solve the following operations (Using PEMDAS) :

1) $6 \div 2 \times (2^2 \times (9 \div 6)^2) = $ ......

2) $2 - 7^2 + 6^2 + 7 \times 4 = $ ......

3) $10 \times (2^2 - 4 \times 6 \div 10) = $ ......

4) $5 \times 2^2 \times (3^2 - 7) + 3 = $ ......

5) $10 \times 6^2 - 8 \times (10 \times 4) = $ ......

6) $6 \times (3 + 9) - 9 \times 3 = $ ......

7) $3 \times (10 - 9)^2 \times (4^2 \times 2) = $ ......

8) $6 \times 8 + 4 + 2 \times 10 = $ ......

9) $6 \times (7 - 2) + 3^2 + 2 = $ ......

10) $10 + 10 \times (10 \times (3 \div 10)^2) = $ ......

Day : « 70 » — *Order of Operations* — **Score : ... /10**

Solve the following operations (Using PEMDAS) :

1) $10 \times (2^2 \times 2^2 \times 6 \div 4^2) = \ldots$

2) $3 \times (6^2 \div 6^2 \times (5^2 + 2)) = \ldots$

3) $6 \times (2^2 \div 10)^2 \times (5^2 \times 3) = \ldots$

4) $6 \div 6 \times (8^2 \times 10^2 \div 10^2) = \ldots$

5) $4 \times (6 \div 7^2 \times (7^2 \times (2^2))) = \ldots$

6) $4 \times (6 + 2^2 - 5)^2 \div 10^2 = \ldots$

7) $4 + 3 \times (3 \times 2^2 - 10) = \ldots$

8) $9 \times (2^2 \times 5^2 \times (2 \div 10)^2) = \ldots$

9) $7 \times (6 \div 3)^2 + 3^2 + 10 = \ldots$

10) $6 + 5^2 \times (3^2 - 9) \times 2 = \ldots$

Day : « 71 » — *Order of Operations* — Score : ... /10

Solve the following operations (Using PEMDAS) :

1) $3 \times (10 - 9) \times (4 \times 2^2) = \ldots$

2) $3 \times (5^2 - 4) \div 7 - 6 = \ldots$

3) $8 \times (2 \times (3^2 - 7)^2 + 3) = \ldots$

4) $9 \times (4 + 6 \times 2 - 5) = \ldots$

5) $6 \times (6 + 4 - 7) + 3^2 = \ldots$

6) $3 \times (4^2 + 2 \times 2 \times (2^2)) = \ldots$

7) $9 - 6 - 2^2 + 4^2 - 6 = \ldots$

8) $5 \times (2^2 - 3) \times (2 \times 9) = \ldots$

9) $2 + 9^2 + 2 - 3^2 \times (2^2) = \ldots$

10) $3 + 3 \div 2^2 \times (2^2 \times 5) = \ldots$

Solve the following operations (Using PEMDAS):

1) $4 \times 2^2 \times (2^2 \times (9 - 8)^2) = \ldots$

2) $4 + 9 + 9^2 \times (5 - 5) = \ldots$

3) $6 \times (2^2 \times 2^2 - 2^2 \times 2) = \ldots$

4) $9 \times (3^2 - 2) + 6 \times 4 = \ldots$

5) $8 \times 6 - 2 \times (9 - 3) = \ldots$

6) $10 \times (4 \times 8 \times (2 \div 4)^2) = \ldots$

7) $2 \times (2 \div 10)^2 \times (5 \times 10) = \ldots$

8) $5 + 9^2 \times (2 + 5 - 6)^2 = \ldots$

9) $8 \times (7 - 6)^2 + 7 \times 3 = \ldots$

10) $3 \times (6 \times (2 \times (10 - 9))) = \ldots$

Solve the following operations (Using PEMDAS) :

1) $4 + 10^2 + 6^2 - 5^2 \times 2 = \ldots$

2) $7 \times (7 + 5) \times (6 - 5)^2 = \ldots$

3) $5 + 8 \times (6 + 6) - 10 = \ldots$

4) $10 + 10^2 + 3 - 10 - 5 = \ldots$

5) $7 - 5^2 + 8 \times (8 - 5) = \ldots$

6) $4 \times (7^2 - 3 \times 10 - 10) = \ldots$

7) $4 \times (9 \times 2 - 3 \times (2^2)) = \ldots$

8) $5 \times (2^2 - 2)^2 + 5 \times (3^2) = \ldots$

9) $3 \times (10^2 - 7^2 - 8 - 10) = \ldots$

10) $5 \times (2 \times (5^2 - 2 \times 10)) = \ldots$

Day : « 74 » — *Order of Operations* — **Score : ... /10**

Solve the following operations (Using PEMDAS) :

1) $5 \times (7 - 3) + 10 - 5 =$ ......

2) $2 \div 8^2 \times (8^2 \times 3^2 \times (2^2)) =$ ......

3) $10 \times (7 \times 4 - 5 \times (2^2)) =$ ......

4) $3 \times (5 \times 8 - 2^2 \times 8) =$ ......

5) $2 \times (6 - 5)^2 \times (5 \times 3^2) =$ ......

6) $4 \div 2^2 + 2^2 + 4 + 8 =$ ......

7) $2 \times (6 + 4 + 3^2 \times 4) =$ ......

8) $8 \times (8 \div 8) \times (2 + 3^2) =$ ......

9) $9 \times (6 - 6^2 \times (3 - 3)) =$ ......

10) $3 + 10 \times (3 \div 6 \times 9) =$ ......

Day : « 75 »   — *Order of Operations* —   **Score** : ... /10

Solve the following operations (Using PEMDAS) :

1) $7 \times (9 - 8) + 9 \times 10 = $ ......

2) $2 \times (8 + 8) + 8 \times 5 = $ ......

3) $3 \times 10 + 8^2 - 8 \times 3 = $ ......

4) $9 + 4^2 + 2 \times (3 \times 6) = $ ......

5) $6 + 2 \times (9 - 9) \times (9^2) = $ ......

6) $2 \times (2^2 \times 7 + 2 \times 10) = $ ......

7) $6 \times 2^2 + 4^2 + 9 - 2^2 = $ ......

8) $7 \times (2 \times (5^2 \times (2 \div 5)^2)) = $ ......

9) $2 + 5 \times (2 \div 2^2 \times 6^2) = $ ......

10) $6 \times (8 \times 5 - 3 \times (3^2)) = $ ......

Day : « 76 »   — Order of Operations —   Score : ... /10

Solve the following operations (Using PEMDAS) :

1) $7 + 2^2 \times (2 + 9) + 2 = $ ......

2) $2 + 2 \times (2^2 - 2) \times (3^2) = $ ......

3) $2 \times (7 \times 2 + 2 \times 6) = $ ......

4) $3 \times (4 \times (4 \times (6 - 5))) = $ ......

5) $4 \times (4^2 + 2 \times (6^2 - 6^2)) = $ ......

6) $7 - 10 \times (10 \times (8 - 8)^2) = $ ......

7) $7 + 4^2 \times (5 \div 8)^2 \times 4 = $ ......

8) $4 - 2^2 + 2 \times (9 \times 2) = $ ......

9) $8 \times (2 + 2) + 7^2 + 7 = $ ......

10) $3 + 3 + 5 \times (9 - 7) = $ ......

Day : « 77 »   — *Order of Operations* —   **Score** : ... /10

Solve the following operations (Using PEMDAS) :

1) $10 \times (8 + 2) + 5^2 - 7^2 = $ ......

2) $4 \times (3^2 + 5) - 4 \times (3^2) = $ ......

3) $6 - 3^2 + 3^2 + 4 \times 6 = $ ......

4) $2 \times (2^2 \div 8)^2 \times (2^2 \times (2^2)) = $ ......

5) $4 + 4^2 \div 8^2 \times 7 \times (2^2) = $ ......

6) $5 - 5^2 \times (3 \times (3^2 - 9)^2) = $ ......

7) $3 \times (3 \times 7 + 2^2 \times 3) = $ ......

8) $4 + 9 + 2 \times (3 \times 2) = $ ......

9) $9 \div 2^2 \times (5 \times (2 \times 4)) = $ ......

10) $9 \div 10^2 \times (5^2 \times (9 \times (2^2))) = $ ......

Solve the following operations (Using PEMDAS):

1) $4 + 2^2 - 4 \div 3 \times 3 = $ ......

2) $5 \times (6 + 8) - 8^2 + 9 = $ ......

3) $5 + 5 \times (2^2 \div 2^2 \times 4) = $ ......

4) $5 \div 3^2 \times (3^2 + 3)^2 - 2^2 = $ ......

5) $5 \times (3 \div 9 \times (8 \times 3)) = $ ......

6) $5 \times (10 - 9) \times (3 \times 4) = $ ......

7) $5 - 5 + 2 \times (7^2 - 7) = $ ......

8) $5 \times (7 + 9) - 5^2 \times 3 = $ ......

9) $10 \times (5^2 - 10 - 7) - 2^2 = $ ......

10) $8 \times (10 \times 6 - 3^2 \times 6) = $ ......

Day : « 79 » — *Order of Operations* — **Score : ... /10**

Solve the following operations (Using PEMDAS) :

1) $5 - 8 - 8^2 - 2^2 + 10^2 =$ ......

2) $10 - 2 + 2^2 \times (7 - 6) =$ ......

3) $6 + 2^2 - 10 + 2^2 \times (3^2) =$ ......

4) $3 \times (5^2 - 2^2 - 9) + 3 =$ ......

5) $8 \times (7 \times (2^2 - 3)^2 + 3) =$ ......

6) $5 \times 6^2 - 9 \times (2 \times 3^2) =$ ......

7) $8 - 4 \times (6 \times (7 - 7)) =$ ......

8) $2 + 2^2 \times (5 + 3) + 7^2 =$ ......

9) $10 - 5 + 5^2 + 7^2 - 7 =$ ......

10) $5 + 5 + 3 + 2 + 3 =$ ......

Day : « 80 » — Order of Operations —   Score : ... /10

Solve the following operations (Using PEMDAS) :

1) $3 + 2 \div 8 \times (4^2 \times 3^2) = $ ......

2) $3 - 2 - 6^2 + 4 \times (3^2) = $ ......

3) $6 + 3^2 + 5^2 + 4 \times 6 = $ ......

4) $6 \times (2 \times 4 \times (10 - 9)^2) = $ ......

5) $7 \times (2 \times 5 - 4 + 5) = $ ......

6) $4 \times (2^2 \times 2 - 10 + 9) = $ ......

7) $3 \times (4 - 3)^2 \times (6 \times 3) = $ ......

8) $4 \times (3 - 8 + 8) + 8^2 = $ ......

9) $5 \times (9 \times 2 - 10 - 6) = $ ......

10) $2 \times (9 \times 2^2 + 3^2 - 4^2) = $ ......

Answer Key

1

[1] $9 - 2^2 = 5$
[2] $9 + 5^2 = 34$
[3] $9 \times 6 = 54$
[4] $3 + 5^2 = 28$
[5] $8 \times 9 = 72$
[6] $10 \times 2 = 20$
[7] $8 \times 6 = 48$
[8] $9 \times 6 = 54$
[9] $4 + 6 = 10$
[10] $4 \times 9 = 36$

2

[1] $9 \times 4 = 36$
[2] $6 \times 7 = 42$
[3] $5 - 2 = 3$
[4] $7 \times 2 = 14$
[5] $9 \times 4 = 36$
[6] $9 \times (3^2) = 81$
[7] $2 \times 4^2 = 32$
[8] $7 \times 6 = 42$
[9] $6 \times 5 = 30$
[10] $6 \times 3 = 18$

3

[1] $8 \times 3 = 24$
[2] $8 \times (3^2) = 72$
[3] $6 \times 3 = 18$
[4] $6 \times 8 = 48$
[5] $7 - 3 = 4$
[6] $8 \times (3^2) = 72$
[7] $10 \times 7 = 70$
[8] $6 \div 2 = 3$
[9] $4 \times 6 = 24$
[10] $9 - 8 = 1$

4

[1] $2 \times (6^2) = 72$
[2] $6 \times 2 = 12$
[3] $4 + 8 = 12$
[4] $10 \times 7 = 70$
[5] $2 \times (5^2) = 50$
[6] $7 \times (3^2) = 63$
[7] $8 \times 6 = 48$
[8] $6 \times 6 = 36$
[9] $9 \div 3^2 = 1$
[10] $2 + 4^2 = 18$

5

[1] $7 - 3 = 4$
[2] $3 + 3 = 6$
[3] $6 \times 5 = 30$
[4] $6 \times 10 = 60$
[5] $3 \div 3 = 1$
[6] $6 \times 7 = 42$
[7] $5 - 2 = 3$
[8] $7 \times 4 = 28$
[9] $6 \times 2 = 12$
[10] $9 \times 2 = 18$

6

[1] $3 \times 2 = 6$
[2] $2 \times (7^2) = 98$
[3] $4 \times 2^2 = 16$
[4] $10 \times 2 = 20$
[5] $5 \times 3^2 = 45$
[6] $9 \times 4 = 36$
[7] $10 + 8 = 18$
[8] $9 + 2^2 = 13$
[9] $5 \times 6 = 30$
[10] $7 + 4 = 11$

7

[1] $8 - 2 = 6$
[2] $5 \times 10 = 50$
[3] $5 \times (2^2) = 20$
[4] $2 \times 6 = 12$
[5] $2 \times 4 = 8$
[6] $3 \times 10 = 30$
[7] $6 \times 5 = 30$
[8] $7 \times 5 = 35$
[9] $10 \times 4 = 40$
[10] $6 \times 3 = 18$

8

[1] $9 \times 5 = 45$
[2] $8 \times 10 = 80$
[3] $10 + 9 = 19$
[4] $7 \times (3^2) = 63$
[5] $5 - 3 = 2$
[6] $7 \times 6 = 42$
[7] $10 - 8 = 2$
[8] $4 \times 4 = 16$
[9] $10 + 4 = 14$
[10] $6 \times 3 = 18$

9

[1] $2 \times (2^2) = 8$
[2] $9 \times 2^2 = 36$
[3] $3 \times 7 = 21$
[4] $2 \times 8 = 16$
[5] $9 \div 9 = 1$
[6] $10 - 3^2 = 1$
[7] $5 - 2^2 = 1$
[8] $7 - 3 = 4$
[9] $8 - 5 = 3$
[10] $6 + 2 = 8$

10

[1] 4 x 2 = 8
[2] 4 x 6 = 24
[3] 8 x 5 = 40
[4] 5 - 2 = 3
[5] 3 + 8 = 11
[6] 8 x 9 = 72
[7] 4 + 2 = 6
[8] 8 x (3^2) = 72
[9] 6 x 2 = 12
[10] 6 x 9 = 54

11

[1] 6 + 2 = 8
[2] 5 + 3^2 x 2^2 = 41
[3] 4 x 4^2 - 9 = 55
[4] 10 x 2 = 20
[5] 10 + 6 x 4 = 34
[6] 5 x (7 - 2) = 25
[7] 9 x (3 + 2^2) = 63
[8] 5 x 6 = 30
[9] 6 x (3 ÷ 6) = 3
[10] 2 x 8 x 5 = 80

12

[1] 3 x (3 ÷ 3) = 3
[2] 2 + 2 = 4
[3] 3 x 8 x 2 = 48
[4] 10 x (3 x 2) = 60
[5] 4 + 9 = 13
[6] 5 - 5^2 ÷ 5^2 = 4
[7] 3 + 8 - 5 = 6
[8] 4 x 7 = 28
[9] 10 + 10 = 20
[10] 6 + 10 = 16

13

[1] 3 x 5^2 = 75
[2] 2 ÷ 2 = 1
[3] 2 x (5^2 - 6) = 38
[4] 8 ÷ 4 x 5 = 10
[5] 3 x 9 + 5 = 32
[6] 5 x (2 x 4) = 40
[7] 5 + 5 x (3^2) = 50
[8] 2 x 4^2 = 32
[9] 2 + 8^2 = 66
[10] 2 x (4^2 x 2) = 64

14

[1] 8 + 6 = 14
[2] 2 + 5 x 5 = 27
[3] 3 x 5 = 15
[4] 4 + 3^2 - 9 = 4
[5] 3 x 8 = 24
[6] 4 x 7 = 28
[7] 6 + 6 x 9 = 60
[8] 5 x 10 = 50
[9] 10 x 7 = 70
[10] 10 x 9 = 90

15

[1] 8 + 2 = 10
[2] 2 x 2 = 4
[3] 5 x 7 = 35
[4] 4 x (3 x 3) = 36
[5] 3 x 10^2 ÷ 2^2 = 75
[6] 4 x 3 = 12
[7] 10 x (10 - 2^2) = 60
[8] 7 x (2 x 7) = 98
[9] 7 + 2 x 9 = 25
[10] 2 + 8^2 - 4^2 = 50

16

[1] 2 + 6 = 8
[2] 2 + 8^2 ÷ 4^2 = 6
[3] 4 x $(7 - 5)^2$ = 16
[4] 10 x 8 - 3^2 = 71
[5] 7 x (10 ÷ 10) = 7
[6] 10 x 3 = 30
[7] 9 x (2^2 x 2) = 72
[8] 2 x (2^2 x 6) = 48
[9] 4 x (9^2 - 8^2) = 68
[10] 3 x (2^2) = 12

17

[1] 4 + 9^2 - 8 = 77
[2] 5 + 5 = 10
[3] 10 x 4 = 40
[4] 9 + 9 + 9^2 = 99
[5] 9 x 7 = 63
[6] 2 x 9 = 18
[7] 5 + 2 = 7
[8] 2 x (10 ÷ 2) = 10
[9] 5 x (4^2) = 80
[10] 5 x 3 = 15

18

[1] 8 + 8^2 = 72
[2] 2 x (10^2 - 9^2) = 38
[3] 10 x 6 = 60
[4] 2 x 3 - 3 = 3
[5] 5 ÷ 10 x 10 = 5
[6] 8 + 2 = 10
[7] 3 x (2^2) = 12
[8] 2 x 6 = 12
[9] 6 + 4^2 = 22
[10] 9 x 8 = 72

19
[1] 5 x 7 = 35
[2] 6 + 8 = 14
[3] 7 - 6 + 6² = 37
[4] 6 x (4²) = 96
[5] 3 x (2² x (2²)) = 48
[6] 4 x 4 = 16
[7] 2 x (3 x 6) = 36
[8] 2 x (4 + 10) = 28
[9] 6 x (3²) = 54
[10] 9 x 9 + 3 = 84

20
[1] 10 ÷ 5 = 2
[2] 9 ÷ 9² x (6²) = 4
[3] 5 + 8 x 10 = 85
[4] 10 x 5 = 50
[5] 7 x 7 = 49
[6] 10 ÷ 8 x (2²) = 5
[7] 9 ÷ 9 x 9 = 9
[8] 4 + 5 x 7 = 39
[9] 7 + 6² - 5² = 18
[10] 8 x 8² ÷ 4² = 32

21
[1] 3 x 9² - 4² x 9 = 99
[2] 6 x (2 x 2) = 24
[3] 8 ÷ 6 x (9² ÷ 3) = 36
[4] 10 x (2²) = 40
[5] 5 x 8 - 10 = 30
[6] 9 x (2²) = 36
[7] 2 x (3 x (2² x 3)) = 72
[8] 10 ÷ 9 x 9² ÷ 3 = 30
[9] 2 x 2² x 5 = 40
[10] 9 x (3² + 3)² ÷ 6² = 36

22
[1] 9 + 8 x (6 ÷ 4)² = 27
[2] 8 ÷ 2 = 4
[3] 9 x (9 - 8) + 9 = 18
[4] 9 ÷ 3 + 2² = 7
[5] 2 + 4² = 18
[6] 3 x (6 x 3) = 54
[7] 8 x (10 ÷ 4)² = 50
[8] 7 + 2 x (3 x 4) = 31
[9] 6 ÷ 7 + 6² = 49
[10] 9 x (3²) = 81

23
[1] 4 + 5 = 9
[2] 10 + 7 + 6 x 2 = 29
[3] 4 x (6 + 5) = 44
[4] 5 + 3² x 9 = 86
[5] 2 x 6² - 4² = 56
[6] 6 x 7 = 42
[7] 7 x (3²) = 63
[8] 7 + 2 x (4 - 4) = 7
[9] 3 + 2² = 7
[10] 2 x (6²) = 72

24
[1] 3 x (2² x 3) = 36
[2] 3 + 9² = 84
[3] 8 x 10 = 80
[4] 4 x 10 = 40
[5] 2 x (5 x 4) = 40
[6] 6 x 10 = 60
[7] 9 + 9 x 10 ÷ 10 = 18
[8] 10 x (6² x (2 ÷ 4)²) = 90
[9] 8 x 4 = 32
[10] 2 - 4² + 5² + 2² = 15

25
[1] 9 + 6² x (8 ÷ 8)² = 45
[2] 2 x (9 x 7² ÷ 7²) = 18
[3] 8 x 9 = 72
[4] 3 x 10 = 30
[5] 3 x (9 ÷ 9) x 4² = 48
[6] 9 ÷ 5² x (9² - 6) = 27
[7] 3 x (3²) = 27
[8] 5 + 5 x (3²) = 50
[9] 10 - 7 + 6 = 9
[10] 3 ÷ 8 x 8 = 3

26
[1] 8 ÷ 4 x 10 = 20
[2] 6 x 7 = 42
[3] 4 ÷ 10 x (6 x 5) = 12
[4] 10 x 5 = 50
[5] 7 + 6² = 43
[6] 8 x 6 = 48
[7] 6 x (3² x (4 ÷ 9)) = 24
[8] 5 x (2 x 2) = 20
[9] 7 x (2 x 7) = 98
[10] 10 + 4 x 7 = 38

27
[1] 6 ÷ 2 + 2 x 5 = 13
[2] 5 x 4² - 4² = 64
[3] 3 x (10 + 5) = 45
[4] 5 - 4 = 1
[5] 5 x (4 x 3) = 60
[6] 7 x 8 = 56
[7] 2 x 5 = 10
[8] 2 + 2 x 9 = 20
[9] 6 - 8 + 2 x (6²) = 70
[10] 4 x 3 ÷ 6² x (3²) = 3

28

[1] $2 \div 6^2 \times (9 \times 10) = 5$
[2] $5 \div 10 \times (3^2 \times 2^2) = 18$
[3] $4 \times (3 \times 2) = 24$
[4] $4 \times 3 = 12$
[5] $2 \times (10 + 8) - 5^2 = 11$
[6] $6 \times 7 = 42$
[7] $10 \div 2 \times 7 = 35$
[8] $10 \times 4 = 40$
[9] $2 \times (2^2 \times 4^2 \div 4) = 32$
[10] $4 \div 8 \times (3^2 \times 2) = 9$

29

[1] $6 \times 10 = 60$
[2] $3 \times (7^2 - 8 \times 4) = 51$
[3] $4 \div 8 \times (2^2) = 2$
[4] $2 \times 8 = 16$
[5] $9 + 2 \times 4 = 17$
[6] $7 \times (2 \times 2) = 28$
[7] $2 \times (4 \times 10 + 8) = 96$
[8] $9 - 3 - 5 = 1$
[9] $5 \times (2 \times 2^2) = 40$
[10] $6 + 6 = 12$

30

[1] $3 \div 7 \times (7 \times 5^2) = 75$
[2] $10 \div 6^2 \times (3 \times 2)^2 = 10$
[3] $10 - 3 + 8^2 - 7^2 = 22$
[4] $10 \div 2^2 \times 4 = 10$
[5] $9 \times 4 - 9 = 27$
[6] $8 - 6 + 3^2 + 3 = 14$
[7] $7 \times (3 \times (7 \div 7)^2) = 21$
[8] $8 + 9 \times 8 = 80$
[9] $6 \times 4 \div 2 - 4 = 8$
[10] $9 \times 2 = 18$

31

[1] $8 - 4 = 4$
[2] $3 + 9^2 = 84$
[3] $6 \times (9 \times (3 - 10 \div 4)) = 27$
[4] $10 \times (6 \div 10 \times 10) = 60$
[5] $9 + 8 \times (3^2 - 2) = 65$
[6] $5 \times (9 \div 6^2 \times (9 - 7)^2) = 5$
[7] $5 \div 3 \times 3 \times (4 \times 3) = 60$
[8] $4 \times (2 + 5) = 28$
[9] $2 \times (2 \times 5 - 8) = 4$
[10] $5 - 4^2 - 7 + 4^2 \times 2 = 14$

32

[1] $4 + 9^2 = 85$
[2] $8 \times (2^2 + 3) = 56$
[3] $5 \times (7^2 - 5) \div 10 - 4 = 18$
[4] $4 \times (5 + 2 \times 6) = 60$
[5] $10 + 3 \times (3 + 7)^2 \div 2^2 = 85$
[6] $3 \times 2 \times (3^2) = 54$
[7] $2 \times (2 \times 3 \times 7) = 84$
[8] $3 \div 2^2 \times (4^2) = 12$
[9] $5 \times 9 = 45$
[10] $3 + 6^2 - 9 + 6 \times 3 = 48$

33

[1] $6 \times (4 \times 6^2 \div 9) = 96$
[2] $5 + 9^2 - 7^2 = 37$
[3] $7 \times 2 - 7 = 7$
[4] $7 \times (7 - 4)^2 - 5^2 = 38$
[5] $4 \times (5 \times (9 \div 5)) = 36$
[6] $2 \times (2 + 2)^2 = 32$
[7] $4 \times (2 \times 7 + 10) = 96$
[8] $4 \times 4 \div 3 \times 9 = 48$
[9] $2 \times (3 + 5) = 16$
[10] $7 + 2 \div 2 \times (2 \times 4) = 25$

34

[1] $8 + 6^2 + 10^2 \times (4 \div 10)^2 = 60$
[2] $5 \times (9 - 8^2 \div 10) = 13$
[3] $6 + 3 \times 6 = 24$
[4] $6 \times 6 = 36$
[5] $10 + 7^2 + 2^2 \times 3 = 71$
[6] $9 \times (8 \div 3^2 \times 9) = 72$
[7] $9 + 10 = 19$
[8] $9 \times 9 = 81$
[9] $7 \times (2^2 - 2 - 2)^2 + 3^2 = 9$
[10] $4 \times (3 \div 3) \times (2^2) = 16$

35

[1] $2 + 10 \div 2 \times 2 + 2 = 14$
[2] $5 \times (4^2) = 80$
[3] $6 \times (3^2 \times 7) - 3^2 \times 6^2 = 54$
[4] $5 + 10^2 \div 10^2 = 6$
[5] $2 \times (4 \times 7) = 56$
[6] $8 \div 4 \times (2 \times (9 + 6)) = 60$
[7] $5 \times (4^2) = 80$
[8] $9 \div 9 \times (8 \times (3^2 \div 2)) = 36$
[9] $2 \times 3^2 - 2 - 2^2 = 12$
[10] $5 \times 3^2 = 45$

36

[1] $2 \times 8 = 16$
[2] $8 - 5 + 4 = 7$
[3] $2 \times 2^2 \div 4^2 \times (8^2) = 32$
[4] $6 + 3^2 \times (9 - 4) = 51$
[5] $4 \times (8 \div 6^2 \times (9^2)) = 72$
[6] $10 - 2 + 5 \times 7 = 43$
[7] $4 \times (4 \times 4) = 64$
[8] $7 \times 6 + 5 \times 3^2 + 5 = 92$
[9] $2 + 3 + 2^2 \times 5 = 25$
[10] $6 \times (8 \div 8)^2 \div 10 \times 10 = 6$

37
[1] $2 + 9 \div 3^2 \times (2^2) = 6$
[2] $8 + 3^2 \times (2^2) = 44$
[3] $8 \times 4 = 32$
[4] $7 \times (4 \times 2^2 - 7) = 63$
[5] $10 + 5 \times 4 = 30$
[6] $8 \times (8 \times 2 \times (2^2 \div 8)^2) = 32$
[7] $10 \times 5 = 50$
[8] $10 \times (9^2 - 6^2 \times 2) = 90$
[9] $4 \times (3^2 - 7)^2 = 16$
[10] $5 - 2^2 + 4^2 \times (2^2) = 65$

38
[1] $7 + 6 + 3 \times 5 = 28$
[2] $4 \times 7 + 3^2 - 2^2 \times 3 = 25$
[3] $9 + 2 \times (6 - 3) = 15$
[4] $7 \times 4 = 28$
[5] $2 \div 2^2 \times 3 \div 2 \times 10^2 = 75$
[6] $7 \times (6 \times 2 \times (3 \div 3)) = 84$
[7] $4 \times 10 \times (7 \div 7) = 40$
[8] $3 \div 3 \times 4 = 4$
[9] $9 + 2^2 \times (2 \times 8 - 4^2) = 9$
[10] $4 \times 6 = 24$

39
[1] $2 + 8 + 5 \times (4 \times 2) = 50$
[2] $2 + 6^2 - 6 = 32$
[3] $3 \times (2 \times 2^2) = 24$
[4] $6 + 10 + 3^2 \div 3 \times (3^2) = 43$
[5] $3 \times (6 \times 4) = 72$
[6] $9 \times 10 = 90$
[7] $2 \div 6 \times (9^2 \times 3) = 81$
[8] $2 \times 6 - 2^2 + 7 \times 6 = 50$
[9] $4 + 9 = 13$
[10] $4 \div 4^2 \times (4^2) = 4$

40
[1] $10 \times 6 = 60$
[2] $10 \times (4 \div 2) = 20$
[3] $6 \div 7 \times 7 = 6$
[4] $9 \times 10 = 90$
[5] $5 \times 3 = 15$
[6] $7 \times (9 \times 10 \div 10) = 63$
[7] $3 \times 7 = 21$
[8] $9 + 5 \times 7 = 44$
[9] $5 \times (9^2 - 6^2 \times 2 + 8) = 85$
[10] $6 + 5 - 8 = 3$

41
[1] $6 \times 6 + 5 \times (3^2 - 6) = 51$
[2] $10 \times (9 + 10) - 6^2 \times (7 - 4) = 82$
[3] $8 \div 7^2 \times (8 - 5) \times 3 \times (7^2) = 72$
[4] $8 \times 5^2 \div 4 = 50$
[5] $5 \times 5 = 25$
[6] $3 \times (2^2 \times 8) = 96$
[7] $2 \times (5 \times 4) = 40$
[8] $3 \times (8 \times (3^2 - 7) \times (10 \div 6)) = 80$
[9] $4 \times 8 = 32$

42
[1] $3 \times (7 \times (2^2 \div 4)^2) = 21$
[2] $9 \times (4 \times (7^2 - 7^2 + 4 \div 3)) = 48$
[3] $3 + 10 \times 3^2 \times (8 - 7) = 93$
[4] $6 \div 3 + 3 \times (8 \times (2 - 2)) = 2$
[5] $10 \times 4 = 40$
[6] $2 + 8^2 = 66$
[7] $5 \times (2 \times 6 \times (6^2 \div 9 \div 8)) = 30$
[8] $5 \times (5 \times 2) = 50$
[9] $7 \times (10 \div 4) \times (8 - 6)^2 \div 7 = 10$
[10] $9 \times 7 = 63$

43
[1] $5 + 2 \times (2 \times (6 + 5) \times 2) = 93$
[2] $2 \times (2^2 \times (6 - 5)) = 8$
[3] $9 \times (9 \times 2 - 4^2) = 18$
[4] $8 + 6^2 \div 2^2 = 17$
[5] $8 + 4 \times 9 = 44$
[6] $5 - 8 + 4 \times (10 \times 2) = 77$
[7] $2 \times 2 = 4$
[8] $3 \times (2 \times (4^2)) = 96$
[9] $10 \times (3^2 - 5) \times (3^2 - 8) = 40$
[10] $4 \times (4 \times 9^2 \div 6^2) = 36$

44
[1] $2 \times (6 - 2) = 8$
[2] $6 \times (2 \times (5 \div 4)) = 15$
[3] $5 \times (4 + 7) + 8 = 63$
[4] $2 \times (4^2 + 3^2) = 50$
[5] $5 + 2^2 \times 2^2 + 3 \times (3^2) = 48$
[6] $7 \times (9 \div 9)^2 \div 7 \times (3 + 4) = 7$
[7] $8 \times 4 = 32$
[8] $7 \times (8 \div 2^2 \times 5) = 70$
[9] $8 \div 8 \times (9 \times 4 + 7^2 - 2) = 83$
[10] $6 - 4 + 10 = 12$

45
[1] $5 \times (4 \times (6 \div 3)) = 40$
[2] $7 - 4 + 3^2 = 12$
[3] $6 \times 2 = 12$
[4] $3 \times (8 - 5) - 2 = 7$
[5] $10 + 6^2 = 46$
[6] $4 + 9^2 - 2^2 \times (3 \times (7 - 7)) = 85$
[7] $4 \times 2 - 6^2 \times (9^2 \times (5 - 5)) = 8$
[8] $7 \times (5 \times (2^2 \times 2^2 \div 8)) = 70$
[9] $4 \times 2 \times 10 = 80$
[10] $2 \times 5 = 10$

46

[1] $2 \times 10 = 20$
[2] $8 \times (4 \times (2^2 - 3)) = 32$
[3] $6 \times (10 \div 3^2 \times 9) = 60$
[4] $10 \div 3 \times (7 + 2) = 30$
[5] $5 \div 4 \times (3^2 \div 3 \times 5^2 - 3) = 90$
[6] $9 \times 5 \times 2 = 90$
[7] $7 \times (2^2 \times (9 \div 6)) = 42$
[8] $6 + 5 \times (5 \times (3^2 - 8)) = 31$
[9] $3 \times (4^2 \times 4 \times (2 \div 4)^2) = 48$
[10] $8 \times (4 + 5) = 72$

47

[1] $7 \div 7 \times (5^2 \times (8 - 5)) = 75$
[2] $3 \times (10 \times (2^2 - 4 + 3)) = 90$
[3] $2 \times (2^2 \times 6) = 48$
[4] $4 \times 10 = 40$
[5] $6 \times (6 \div 4)^2 \div 3 \times (3^2 \times 2) = 81$
[6] $10 \div 6 \div 5^2 \times (3^2 \times 5) = 3$
[7] $2 + 8 \times (3 + 5) - 8 \times 6 = 18$
[8] $10 \times (3 \times (9 \div 9)^2 \div 2 \times 2) = 30$
[9] $9 + 9 \times (4 \times 2) = 81$
[10] $5 \times 3^2 - 3 \times (3^2) = 18$

48

[1] $5 \times 7 - 3 \times (4^2 - 6) = 5$
[2] $7 + 2^2 \times (7 \times 2 \times (6 - 6)^2) = 7$
[3] $8 \div 5^2 \times (8 \times (5^2)) = 64$
[4] $9 \times 2 \times (2^2) = 72$
[5] $2 \times (7 \div 7)^2 \times (7^2) = 98$
[6] $10 - 2^2 \times (8^2 - 2) + 3 \times (10^2) = 62$
[7] $5 \times (10 \div 5) \times 2 = 20$
[8] $4 \times (6 - 5)^2 \times 2 = 8$
[9] $7 \times (10 + 4) = 98$

49

[1] $2 \times (3^2 \times 3) = 54$
[2] $5 + 4^2 = 21$
[3] $6 \times (2 \times (7^2 \div 7)) = 84$
[4] $6 + 9 \times (10 - 5 \times (2^2 \div 4)^2) = 51$
[5] $6 \times (4 + 5) = 54$
[6] $5 \times (2 \times (2^2 + 3)) = 70$
[7] $2 \times (2^2 \times 6) = 48$
[8] $7 \div 7^2 \times (7 \times 10 + 8 \times (7^2)) = 66$
[9] $6 + 8 \times (2^2) = 38$

50

[1] $9 \times (6 \times (4 \div 9)^2 \times 3) = 32$
[2] $8 \div 4 \div 2 \times (6^2) = 36$
[3] $2 \times (9^2 + 7) + 10^2 \div 10^2 - 10^2 = 77$
[4] $5 \times (3 \times 4) = 60$
[5] $4 \times (4^2) = 64$
[6] $4 + 4 \times (3^2 \times (5^2 \div 5^2)) = 40$
[7] $7 + 2 \times (9 \times (10 - 2 \times 4)) = 43$
[8] $2 \times 2 = 4$
[9] $5 \div 5 \div 9^2 \times (9^2 \times 2) \times 5 = 10$

51

[1] $4 \times (8 + 2^2) = 48$
[2] $5 \times (4 \times 7 - 4^2) = 60$
[3] $5 \times (2 \times 9) = 90$
[4] $10 + 6 \times 4 \div 9 \times 9 = 34$
[5] $10 \times (4 - 2) = 20$
[6] $2 \times (8 \times 2) = 32$
[7] $4 \times (4 \times 5 - 9) = 44$
[8] $3 \times (2 \times 8) = 48$
[9] $2 \times (6 + 6 \times 4^2 \div 2^2) = 60$
[10] $6 \div 5 \times (6 \times 10) = 72$

52

[1] $2 \times (4 \times (2^2)) = 32$
[2] $8 \div 2^2 + 2^2 \times (8 - 8)^2 = 2$
[3] $10 \times (9 \times (4 \div 6^2 \times 2^2)) = 40$
[4] $2 \div 3^2 \times (9^2) = 18$
[5] $4 + 2 \div 6 \times (3 \times 5) = 9$
[6] $3 \times (2 \times (3^2)) = 54$
[7] $8 \times (4^2 - 8) = 64$
[8] $2 \times (3 \times 4 + 5^2) = 74$
[9] $7 - 3^2 + 2 \times 10 = 18$
[10] $6 \times 2 \times (4 \div 6) \times 4 = 32$

53

[1] $9 \div 2 \times 10 = 45$
[2] $2 \div 3 \times (9^2) = 54$
[3] $10 + 5^2 + 2 = 37$
[4] $5 \div 3 \times 9 = 15$
[5] $3 + 10^2 \div 8 \times (2^2) = 53$
[6] $5 \times (10 + 8) = 90$
[7] $4 \times (2 \times 2 - 7 \div 2) = 2$
[8] $2 \times 7 - 5 + 5^2 = 34$
[9] $3 \times (2 \times 4 \times 2) = 48$
[10] $8 \div 8 \times (9^2 \div 3^2 \times 2) = 18$

54

[1] $3 \times (2 \div 6 \times 4 \times 7) = 28$
[2] $9 + 6 + 10 + 8 = 33$
[3] $7 \times (7 - 4) + 6^2 = 57$
[4] $4 + 10 \times (2^2) = 44$
[5] $7 + 4^2 \times (10^2 \times (2 - 2)) = 7$
[6] $7 + 5 \div 2 \times 2 = 12$
[7] $3 \times 2^2 \times (2 \times 2^2) = 96$
[8] $4 \div 10^2 \times (10 \times (10 \times 8)) = 32$
[9] $4 \times (5 \times 3 - 7) = 32$
[10] $6 \times 2 \div 3 \times 5 = 20$

55

[1] 2 x (7 - 4) x 5 = 30
[2] 8 ÷ 2 + 6 = 10
[3] 3 + 2 x (9 - 9) x 3 = 3
[4] 2 x (7² - 3) + 5 = 97
[5] 8 x (4 - 2) - 3 + 8² = 77
[6] 2 x (9 + 10) = 38
[7] 2 x 7² + 7² - 7² = 98
[8] 6 x (3² x (4 - 3)²) = 54
[9] 3 x (5 + 3² + 3) = 51
[10] 9 x 10 ÷ 5² x (5²) = 90

56

[1] 10 x (3 x 3) ÷ 3 - 2 = 28
[2] 4 + 7 x (3²) = 67
[3] 4 x 3² x 2 = 72
[4] 3 + 7 + 8 ÷ 7 x (7²) = 66
[5] 7 + 3² - 2 - 4 + 5² = 35
[6] 6 x (2² ÷ 4² x 8) = 12
[7] 2 ÷ 7 x (10 - 3) + 9 = 11
[8] 2 x 4 - 6 = 2
[9] 4 - 9² - 4 + 2² x (5²) = 19
[10] 5 + 3 - 7 = 1

57

[1] 2 x (2 x 4²) = 64
[2] 8 x (10 - 3 ÷ 9 x 3) = 72
[3] 2 ÷ 8 x (6 x 4 x 7) = 42
[4] 4 x (2 x 3 x 3) = 72
[5] 2 - 4² + 4² x 7 = 98
[6] 2 x (7 - 5)² x (3 x 2) = 48
[7] 10 x 3 - 5 + 8 x 7 = 81
[8] 2 x (9 x 2²) = 72
[9] 8 x (2² + 10) ÷ 4 = 28
[10] 2 x (5 ÷ 9 x 7 x 3²) = 70

58

[1] 3 x (5 x 2 x (3 ÷ 3)) = 30
[2] 2 x (2 + 3) x (3²) = 90
[3] 3 + 8 x 3² + 6² - 8² = 47
[4] 5 ÷ 5 x (10 - 5)² - 7 = 18
[5] 3 x (10 x 6) - 3² x 9 = 99
[6] 10 x 6 x (2 x (2² ÷ 4²)) = 30
[7] 2 x (9 + 8 x 2²) = 82
[8] 6 x (2 x (2²)) = 48
[9] 2 x (9 + 10 x (4 - 3)) = 38
[10] 10 x 2 - 2 = 18

59

[1] 8 + 5 x (4²) = 88
[2] 3 x (3 x 5) = 45
[3] 3 x (9 x 8 x (7 ÷ 6²)) = 42
[4] 6 x (3² x (6 ÷ 4)) = 81
[5] 2 + 2 x 8 = 18
[6] 5 ÷ 10 x (6 x (2 x 5)) = 30
[7] 9 x (5 ÷ 3 ÷ 9)² x (9²) = 25
[8] 6 x (3 + 5² x (2 ÷ 4)) = 93
[9] 9 + 7 x (10 + 10) ÷ 4 = 44
[10] 3 x (2² x 8) = 96

60

[1] 9 x (3 x (8 ÷ 2²)) = 54
[2] 2 x (4 x 8 - 2) = 60
[3] 7 x (7 x 2) = 98
[4] 9 x (2 + 5)² x (3² ÷ 7²) = 81
[5] 7 x (4² - 5 x 2 + 3) = 63
[6] 2 x (6 x 4 + 9) = 66
[7] 10 + 7 + 5² - 3 x 2 = 36
[8] 10 + 6 x (6 - 5) x (2²) = 34
[9] 3 x (3² - 8) + 8 = 11
[10] 10 x (2² x 9² ÷ 6²) = 90

61

[1] 2 x (6 - 5)² + 8² - 7 = 59
[2] 8 ÷ 10 x (3 x 2 x 5) = 24
[3] 6 ÷ 8² x (3² x (6² - 2²)) = 27
[4] 8 + 9² ÷ 3² x (6² ÷ 3²) = 44
[5] 9 + 2 x (2 x 5 + 5²) = 79
[6] 10 + 10² - 3 x (3 x 2) = 92
[7] 8 + 5² x (6 - 2 x 2) = 58
[8] 4 x (2² x 4) - 6 x (2²) = 40
[9] 2 x (5² + 6 - 10² + 10²) = 62
[10] 4 - 7 + 2² x (4 x 3) = 45

62

[1] 6 x (7 x 5 - 6 x 4) = 66
[2] 7 x (9 x 10 ÷ 2 ÷ 3²) = 35
[3] 3 x (8 ÷ 8) x (2 x (2²)) = 24
[4] 7 x (3² x (3 x 3² ÷ 9²)) = 21
[5] 8 x (5 ÷ 2)² + 8 x (2²) = 82
[6] 9 - 5 x (7 x (6 - 6)) = 9
[7] 4 x (3 x (2² x 2² ÷ 2²)) = 48
[8] 3 x (2 x 3² + 4 - 2) = 60
[9] 3 - 10² + 6 x (3 x (3²)) = 65
[10] 3 ÷ 8² x (9 x 4 x (4²)) = 27

63

[1] 2 x (9 ÷ 3² x (9 x 4)) = 72
[2] 8 x (3 x 6² - 5² x 2²) = 64
[3] 6 x (5 ÷ 10² x (5 x 4)) = 6
[4] 4 x (4 ÷ 8)² x (3² x 5) = 45
[5] 10 x (2 + 3 ÷ 2 x (2²)) = 80
[6] 9 ÷ 10² x (10² x (8 - 5)) = 27
[7] 9 x (8 x 2² ÷ 6² x 8) = 64
[8] 2 ÷ 6² x (8 x 6 x 3) = 8
[9] 9 + 4 x (3 + 2) x 4 = 89
[10] 2 x (9 ÷ 9)² x (8 x 5) = 80

64

[1] $2 \div 5 \times (4 \times 5 \times (2^2)) = 32$

[2] $3 - 5 + 4 + 3^2 \times (2^2) = 38$

[3] $10 \times (4 \times 3 + 2 - 8) = 60$

[4] $2 + 9 \times (5 - 5)^2 \times 3 = 2$

[5] $10 \times (2^2 \times (3 + 4)^2 \div 7^2) = 40$

[6] $4 \times (5 \times (2 \div 8 \times 10)) = 50$

[7] $7 \times (8 \times 3 - 4 \times 4) = 56$

[8] $2 - 8 \times (3^2 \times (3^2 - 9)) = 2$

[9] $5 \times (2^2 \times (2 \times (3^2 \div 5))) = 72$

[10] $2 \times (6 - 5) \times (9 \times 5) = 90$

65

[1] $10 + 6 + 9 + 6^2 \times 2 = 97$

[2] $6 \times (10 - 7) \times 5 - 3 = 87$

[3] $2 - 4^2 \times (7 - 7) \times (4^2) = 2$

[4] $2 \times (2 \times 5^2 - 3 \times 4) = 76$

[5] $6 - 2 \times (3 \times (4 \div 8)) = 3$

[6] $3 + 10 \times (8 \div 10) + 6 = 17$

[7] $2 \times (6 \times 2^2 \times (2 \div 3)) = 32$

[8] $3 - 2^2 \times (3^2 - 9)^2 \times 2 = 3$

[9] $5 \times (6 \div 9)^2 \div 6^2 \times (9^2) = 5$

[10] $3 \times (3 + 3)^2 \times (2^2 \div 3^2) = 48$

66

[1] $10 \times (3^2 - 7) + 8^2 + 4 = 88$

[2] $3 \times (2^2 \times 2 - 7 + 4)^2 = 75$

[3] $2 \times (4 \div 4)^2 \times (2 \times 10) = 40$

[4] $2 \times 4 - 5 + 4 \times (4^2) = 67$

[5] $3 \times (2 \times 9 + 9 + 4) = 93$

[6] $3 \times (5 + 6) + 9 \times 4 = 69$

[7] $4 \times (2 + 10 \div 10)^2 - 2^2 = 32$

[8] $6 \times (10 \times 8 \div 4^2 - 2^2) = 6$

[9] $2 \times (10^2 \times (2^2 \times 2 \div 8^2)) = 25$

[10] $2 \times (9^2 \div 3^2 + 2 \times 3) = 30$

67

[1] $4 \times (2^2 \times (9 \div 3^2 \times 4)) = 64$

[2] $10 \times (2 \times 9 \times (2^2 \div 6^2)) = 20$

[3] $2 \times (4 + 8 \div 4^2 \times 2^2) = 12$

[4] $2 + 6^2 \times (7 \div 10^2 \times 5^2) = 65$

[5] $8 \times (10 \div 2) - 5 \times 6 = 10$

[6] $6 \times (7^2 \times 8 - 6 \times (8^2)) = 48$

[7] $2 \times (5 \times (2^2 \times (7 \div 10))) = 28$

[8] $3 \times (3^2 \times 2^2 \div 6 \times 2^2) = 72$

[9] $8 \times (3^2 - 8)^2 + 6 + 10 = 24$

[10] $10 \times (4 \div 10^2 \times 5) \times 3 = 6$

68

[1] $4 \times (3^2 + 9 - 5) - 3^2 = 43$

[2] $4 \times (10 + 3^2 - 9) + 4^2 = 56$

[3] $3 + 2^2 \times (9 - 3) \times 4 = 99$

[4] $7 \times (2 \times 9 - 2^2 \times (2^2)) = 14$

[5] $3 \div 4^2 \times (9 \times (2^2 \times 8)) = 54$

[6] $10 \div 8^2 \times (7 \times (2^2 \times 4^2)) = 70$

[7] $5 \times (2^2 \times (2^2 \times 9 \div 9)) = 80$

[8] $5 \times 3 + 4^2 \times 2^2 - 2 = 77$

[9] $7 \times (4 \times 2^2 - 5 \times 3) = 7$

[10] $4 \times (9 \times (5^2 \times (2 \div 10)^2)) =$

69

[1] $6 \div 2 \times (2^2 \times (9 \div 6)^2) = 27$

[2] $2 - 7^2 + 6^2 + 7 \times 4 = 17$

[3] $10 \times (2^2 - 4 \times 6 \div 10) = 16$

[4] $5 \times 2^2 \times (3^2 - 7) + 3 = 43$

[5] $10 \times 6^2 - 8 \times (10 \times 4) = 40$

[6] $6 \times (3 + 9) - 9 \times 3 = 45$

[7] $3 \times (10 - 9)^2 \times (4^2 \times 2) = 96$

[8] $6 \times 8 + 4 + 2 \times 10 = 72$

[9] $6 \times (7 - 2) + 3^2 + 2 = 41$

[10] $10 + 10 \times (10 \times (3 \div 10)^2) =$

70

[1] $10 \times (2^2 \times 2^2 \times 6 \div 4^2) = 60$

[2] $3 \times (6^2 \div 6^2 \times (5^2 + 2)) = 81$

[3] $6 \times (2^2 \div 10)^2 \times (5^2 \times 3) = 72$

[4] $6 \div 6 \times (8^2 \times 10^2 \div 10^2) = 64$

[5] $4 \times (6 \div 7^2 \times (7^2 \times (2^2))) = 96$

[6] $4 \times (6 + 2^2 - 5)^2 \div 10^2 = 1$

[7] $4 + 3 \times (3 \times 2^2 - 10) = 10$

[8] $9 \times (2^2 \times 5^2 \times (2 \div 10)^2) = 36$

[9] $7 \times (6 \div 3)^2 + 3^2 + 10 = 47$

[10] $6 + 5^2 \times (3^2 - 9) \times 2 = 6$

71

[1] $3 \times (10 - 9) \times (4 \times 2^2) = 48$

[2] $3 \times (5^2 - 4) \div 7 - 6 = 3$

[3] $8 \times (2 \times (3^2 - 7)^2 + 3) = 88$

[4] $9 \times (4 + 6 \times 2 - 5) = 99$

[5] $6 \times (6 + 4 - 7) + 3^2 = 27$

[6] $3 \times (4^2 + 2 \times 2 \times (2^2)) = 96$

[7] $9 - 6 - 2^2 + 4^2 - 6 = 9$

[8] $5 \times (2^2 - 3) \times (2 \times 9) = 90$

[9] $2 + 9^2 + 2 - 3^2 \times (2^2) = 49$

[10] $3 + 3 \div 2^2 \times (2^2 \times 5) = 18$

72

[1] $4 \times 2^2 \times (2^2 \times (9 - 8)^2) = 64$

[2] $4 + 9 + 9^2 \times (5 - 5) = 13$

[3] $6 \times (2^2 \times 2 - 2^2 \times 2) = 48$

[4] $9 \times (3^2 - 2) + 6 \times 4 = 87$

[5] $8 \times 6 - 2 \times (9 - 3) = 36$

[6] $10 \times (4 \times 8 \times (2 \div 4)^2) = 80$

[7] $2 \times (2 \div 10)^2 \times (5 \times 10) = 4$

[8] $5 + 9^2 \times (2 + 5 - 6)^2 = 86$

[9] $8 \times (7 - 6)^2 + 7 \times 3 = 29$

[10] $3 \times (6 \times (2 \times (10 - 9))) = 36$

73
[1] $4 + 10^2 + 6^2 - 5^2 \times 2 = 90$
[2] $7 \times (7 + 5) \times (6 - 5)^2 = 84$
[3] $5 + 8 \times (6 + 6) - 10 = 91$
[4] $10 + 10^2 + 3 - 10 - 5 = 98$
[5] $7 - 5^2 + 8 \times (8 - 5) = 6$
[6] $4 \times (7^2 - 3 \times 10 - 10) = 36$
[7] $4 \times (9 \times 2 - 3 \times (2^2)) = 24$
[8] $5 \times (2^2 - 2)^2 + 5 \times (3^2) = 65$
[9] $3 \times (10^2 - 7^2 - 8 - 10) = 99$
[10] $5 \times (2 \times (5^2 - 2 \times 10)) = 50$

74
[1] $5 \times (7 - 3) + 10 - 5 = 25$
[2] $2 \div 8^2 \times (8^2 \times 3^2 \times (2^2)) = 72$
[3] $10 \times (7 \times 4 - 5 \times (2^2)) = 80$
[4] $3 \times (5 \times 8 - 2^2 \times 8) = 24$
[5] $2 \times (6 - 5)^2 \times (5 \times 3^2) = 90$
[6] $4 \div 2^2 + 2^2 + 4 + 8 = 17$
[7] $2 \times (6 + 4 + 3^2 \times 4) = 92$
[8] $8 \times (8 \div 8) \times (2 + 3^2) = 88$
[9] $9 \times (6 - 6^2 \times (3 - 3)) = 54$
[10] $3 + 10 \times (3 \div 6 \times 9) = 48$

75
[1] $7 \times (9 - 8) + 9 \times 10 = 97$
[2] $2 \times (8 + 8) + 8 \times 5 = 72$
[3] $3 \times 10 + 8^2 - 8 \times 3 = 70$
[4] $9 + 4^2 + 2 \times (3 \times 6) = 61$
[5] $6 + 2 \times (9 - 9) \times (9^2) = 6$
[6] $2 \times (2^2 \times 7 + 2 \times 10) = 96$
[7] $6 \times 2^2 + 4^2 + 9 - 2^2 = 45$
[8] $7 \times (2 \times (5^2 \times (2 \div 5)^2)) = 56$
[9] $2 + 5 \times (2 \div 2^2 \times 6^2) = 92$
[10] $6 \times (8 \times 5 - 3 \times (3^2)) = 78$

76
[1] $7 + 2^2 \times (2 + 9) + 2 = 53$
[2] $2 + 2 \times (2^2 - 2) \times (3^2) = 38$
[3] $2 \times (7 \times 2 + 2 \times 6) = 52$
[4] $3 \times (4 \times (4 \times (6 - 5))) = 48$
[5] $4 \times (4^2 + 2 \times (6^2 - 6^2)) = 64$
[6] $7 - 10 \times (10 \times (8 - 8)^2) = 7$
[7] $7 \div 4^2 \times (5 \div 8)^2 \times 4 = 32$
[8] $4 - 2^2 + 2 \times (9 \times 2) = 36$
[9] $8 \times (2 + 2) + 7^2 + 7 = 88$
[10] $3 + 3 + 5 \times (9 - 7) = 16$

77
[1] $10 \times (8 + 2) + 5^2 - 7^2 = 76$
[2] $4 \times (3^2 + 5) - 4 \times (3^2) = 20$
[3] $6 - 3^2 + 3^2 + 4 \times 6 = 30$
[4] $2 \times (2^2 \div 8)^2 \times (2^2 \times (2^2)) = 8$
[5] $4 + 4^2 \div 8^2 \times 7 \times (2^2) = 11$
[6] $5 - 5^2 \times (3 \times (3^2 - 9)^2) = 5$
[7] $3 \times (3 \times 7 + 2^2 \times 3) = 99$
[8] $4 + 9 + 2 \times (3 \times 2) = 25$
[9] $9 \div 2^2 \times (5 \times (2 \times 4)) = 90$
[10] $9 \div 10^2 \times (5^2 \times (9 \times (2^2))) = $

78
[1] $4 + 2^2 - 4 \div 3 \times 3 = 4$
[2] $5 \times (6 + 8) - 8^2 + 9 = 15$
[3] $5 + 5 \times (2^2 \div 2^2 \times 4) = 25$
[4] $5 \div 3^2 \times (3^2 + 3)^2 - 2^2 = 76$
[5] $5 \times (3 \div 9 \times (8 \times 3)) = 40$
[6] $5 \times (10 - 9) \times (3 \times 4) = 60$
[7] $5 - 5 + 2 \times (7^2 - 7) = 84$
[8] $5 \times (7 + 9) - 5^2 \times 3 = 5$
[9] $10 \times (5^2 - 10 - 7) - 2^2 = 76$
[10] $8 \times (10 \times 6 - 3^2 \times 6) = 48$

79
[1] $5 - 8 - 8^2 - 2^2 + 10^2 = 29$
[2] $10 - 2 + 2^2 \times (7 - 6) = 12$
[3] $6 + 2^2 - 10 + 2^2 \times (3^2) = 36$
[4] $3 \times (5^2 - 2^2 - 9) + 3 = 39$
[5] $8 \times (7 \times (2^2 - 3)^2 + 3) = 80$
[6] $5 \times 6^2 - 9 \times (2 \times 3^2) = 18$
[7] $8 - 4 \times (6 \times (7 - 7)) = 8$
[8] $2 + 2^2 \times (5 + 3) + 7^2 = 83$
[9] $10 - 5 + 5^2 + 7^2 - 7 = 72$
[10] $5 + 5 + 3 + 2 + 3 = 18$

80
[1] $3 + 2 \div 8 \times (4^2 \times 3^2) = 39$
[2] $3 - 2 - 6^2 + 4 \times (3^2) = 1$
[3] $6 + 3^2 + 5^2 + 4 \times 6 = 64$
[4] $6 \times (2 \times 4 \times (10 - 9)^2) = 48$
[5] $7 \times (2 \times 5 - 4 + 5) = 77$
[6] $4 \times (2^2 \times 2 - 10 + 9) = 28$
[7] $3 \times (4 - 3)^2 \times (6 \times 3) = 54$
[8] $4 \times (3 - 8 + 8) + 8^2 = 76$
[9] $5 \times (9 \times 2 - 10 - 6) = 10$
[10] $2 \times (9 \times 2^2 + 3^2 - 4^2) = 58$

www.ingramcontent.com/pod-product-compliance
Lightning Source LLC
Chambersburg PA
CBHW062113220526
45471CB00010B/3719